数学検定

実用数学技能検定
［完全解説 問題集］
【第2版】

準**1**級

まえがき

"発見"に託した想い

公益財団法人 日本数学検定協会
理事長　清水　静海

　中国 4000年の歴史，インド 5000年の歴史などと言われますが，数学の歴史はどこまで遡ることができるのでしょうか。

　エジプトやメソポタミアで生まれた数学に関しては，紀元前 2000年あたりからの記録が見つかっています。数や時間の概念などについての数学的な営みについては，おそらく社会が形成されると同時に少しずつではありますが，できあがってきたのではないかと考えられています。したがって，数学の歴史はまさに，人類の歴史と考えてもいいのではないでしょうか。

　人類が遭遇したさまざまな歴史については，さまざまな国ができては消えていくという興亡の歴史を思い浮かべる人もいるかもしれません。しかし，数学に関わる人類の歴史を紐解くと，歴史を重ねるごとに広がりと深まりを見せており，発展を続けています。

　壮大な歴史が数学にはあります。われわれは数学を学ぶことによって，過去に編み出された計算法やさまざまな定理を理解し活用することができるようになり，過去から伝わる人類の叡智を体感し体現することができます。

　このような数学の探究やその活用はいつの時代でも行われてきました。そして，数学を探究し活用しつつ数学を学び続けていくことによって，新たな数学の扉が開かれてきました。

　ユークリッド幾何学がなければ非ユークリッド幾何学への発展はありえませんでした。数学を探究したり活用したりし続けることによって，新たな知識や技能，さらに見方や考え方までも手にすることができるわけです。そして，自ら知性を磨き，高めることができます。

発　見

　この本を手にされているあなたは，数学に魅力を感じて，学び続け，自らを磨き高めるという姿勢を持った方です。ぜひとも，この本とともに数学の学習経験を積み重ねていただき，数学に対する新たな魅力，自身の新たな一面や可能性などを"発見"してください。

目 次

まえがき ……………………………………………… 3
目次 ………………………………………………… 4

第 1 回
1次：計算技能検定《問題》 …………………… 6
1次：計算技能検定《解答・解説》 …………… 8
2次：数理技能検定《問題》 …………………… 15
2次：数理技能検定《解答・解説》 …………… 17

第 2 回
1次：計算技能検定《問題》 …………………… 26
1次：計算技能検定《解答・解説》 …………… 28
2次：数理技能検定《問題》 …………………… 35
2次：数理技能検定《解答・解説》 …………… 39

第 3 回
1次：計算技能検定《問題》 …………………… 50
1次：計算技能検定《解答・解説》 …………… 52
2次：数理技能検定《問題》 …………………… 58
2次：数理技能検定《解答・解説》 …………… 61

第 4 回
1次：計算技能検定《問題》 …………………… 70
1次：計算技能検定《解答・解説》 …………… 72
2次：数理技能検定《問題》 …………………… 79
2次：数理技能検定《解答・解説》 …………… 83

第 5 回
1次：計算技能検定《問題》 …………………… 96
1次：計算技能検定《解答・解説》 …………… 98
2次：数理技能検定《問題》 …………………… 103
2次：数理技能検定《解答・解説》 …………… 106

第 6 回
1次：計算技能検定《問題》 …………………… 116
1次：計算技能検定《解答・解説》 …………… 118
2次：数理技能検定《問題》 …………………… 124
2次：数理技能検定《解答・解説》 …………… 127

第 7 回
1次：計算技能検定《問題》 …………………… 136
1次：計算技能検定《解答・解説》 …………… 138
2次：数理技能検定《問題》 …………………… 143
2次：数理技能検定《解答・解説》 …………… 146

第 8 回
1次：計算技能検定《問題》 …………………… 156
1次：計算技能検定《解答・解説》 …………… 158
2次：数理技能検定《問題》 …………………… 163
2次：数理技能検定《解答・解説》 …………… 166

第1回

1次：計算技能検定《問題》　　……　6
1次：計算技能検定《解答・解説》　……　8
2次：数理技能検定《問題》　　……　15
2次：数理技能検定《解答・解説》　……　17

実用数学技能検定 準1級 ［完全解説問題集］　発見

第1回 1次：計算技能検定 《問題》

問題1．

2次方程式 $x^2-3x+5=0$ の2つの解を，α，β とするとき，$\dfrac{\beta^2}{\alpha}+\dfrac{\alpha^2}{\beta}$ の値を求めなさい。

問題2．

次の不等式を解きなさい。
$$4\cdot 2^{2x}-21\cdot 2^x+5<0$$

問題3．

2つのベクトル $\vec{a}=(1, 0, 2)$，$\vec{b}=(1, 2, -2)$ の両方に垂直で，大きさが3であるベクトルをすべて求め，成分で表しなさい。

問題4．

複素数 $z=-1+\sqrt{3}\,i$ について，次の問いに答えなさい。ただし，i は虚数単位を表し，偏角 θ の範囲は $0\leqq\theta<2\pi$ とします。

① z を極形式で表しなさい。

② z^5 の絶対値と偏角 θ を求めなさい。

問題5．

t を媒介変数とする下の曲線について，次の問いに答えなさい。

$$\begin{cases} x = \cos t \\ y = \sqrt{2} \sin t \end{cases} \quad (0 \leq t \leq 2\pi)$$

① $\dfrac{dx}{dt} \neq 0$ のとき，$\dfrac{dy}{dx}$ を t を用いて表しなさい。

② 上の式で表される曲線の $t = \dfrac{\pi}{4}$ に対応する点における接線の方程式を求めなさい。

問題6．

焦点が $(3, 0)$，$(-3, 0)$ で，2点 $(\sqrt{10}, 2)$，$(-\sqrt{10}, 2)$ を通る双曲線の方程式を求めなさい。

問題7．

次の極限値を求めなさい。

$$\lim_{n \to \infty} \frac{\sqrt{n+1} - \sqrt{n+2}}{\sqrt{3n+2} - \sqrt{3n+3}}$$

第1回 1次：計算技能検定 《解答・解説》

問題1．

α, β は $x^2-3x+5=0$ の2つの解であるから，解と係数の関係より，$\alpha+\beta=3$，$\alpha\beta=5$ が成り立つ。よって

$$\frac{\beta^2}{\alpha}+\frac{\alpha^2}{\beta}=\frac{\beta^3+\alpha^3}{\alpha\beta}=\frac{(\alpha+\beta)(\alpha^2-\alpha\beta+\beta^2)}{\alpha\beta}=\frac{(\alpha+\beta)\{(\alpha+\beta)^2-3\alpha\beta\}}{\alpha\beta}$$

$$=\frac{3\times(3^2-3\times5)}{5}=-\frac{18}{5}$$

（答）　$-\dfrac{18}{5}$

別解　上記において，$\alpha^3+\beta^3=(\alpha+\beta)^3-3\alpha\beta(\alpha+\beta)$ と変形しても求められる。

参考　2次方程式の解と係数の関係

2次方程式 $ax^2+bx+c=0$ $(a\neq0)$ の解は，$x=\dfrac{-b\pm\sqrt{b^2-4ac}}{2a}$ である。

$D=b^2-4ac$ として，2つの解を $\alpha=\dfrac{-b+\sqrt{D}}{2a}$，$\beta=\dfrac{-b-\sqrt{D}}{2a}$ とおくと

$$\alpha+\beta=\frac{-b+\sqrt{D}}{2a}+\frac{-b-\sqrt{D}}{2a}=-\frac{b}{a}$$

$$\alpha\beta=\left(\frac{-b+\sqrt{D}}{2a}\right)\left(\frac{-b-\sqrt{D}}{2a}\right)=\frac{(-b)^2-(\sqrt{D})^2}{4a^2}=\frac{b^2-(b^2-4ac)}{4a^2}=\frac{4ac}{4a^2}=\frac{c}{a}$$

となる。α, β が虚数であってもこの関係式は成り立つので，$x^2-3x+5=0$ の2つの解 α, β に対して，$\alpha+\beta=-(-3)=3$　$\alpha\beta=5$ となる。

本問の $\dfrac{\beta^2}{\alpha}+\dfrac{\alpha^2}{\beta}$ は α と β を入れ替えても同じ式になる。

このように α, β を入れ替えても変わらない式を対称式という。

一般に α, β についての対称式は，工夫することで，$\alpha+\beta$ と $\alpha\beta$ のみで表すことができる。

したがって，α, β が2次方程式の2つの解ならば，2次方程式の係数を用いて対称式の値を計算することができる。

問題２．

$2^x = t \ (t>0)$ として，不等式を解くと

$$4t^2 - 21t + 5 < 0 \quad (4t-1)(t-5) < 0 \quad \frac{1}{4} < t < 5 \ (t>0 \text{ を満たす})$$

よって，$\frac{1}{4} < 2^x < 5$ となる。$0 < \frac{1}{4}$ より，底が２の対数を各項にとると

$$\log_2 \frac{1}{4} < \log_2 2^x < \log_2 5 \quad -2 < x < \log_2 5$$

（答）　$-2 < x < \log_2 5$

参考 対数に関する不等式

$a>1$ のとき $y = \log_a x$ は増加関数となり，$0<a<1$ のとき，$y = \log_a x$ は減少関数となる。つまり，次のことが成り立つ。

・$a>1$ のとき，$0 < x_1 < x_2 \iff \log_a x_1 < \log_a x_2$
・$0<a<1$ のとき，$0 < x_1 < x_2 \iff \log_a x_1 > \log_a x_2$

$a>1$ のとき　　　　　　　　　$0<a<1$ のとき

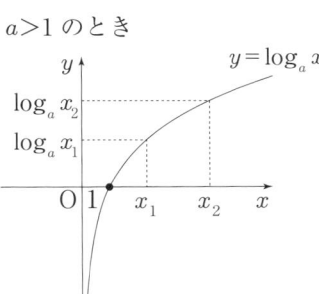 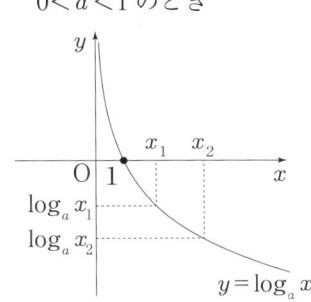

問題３．

２つのベクトル $\vec{a} = (1, 0, 2)$，$\vec{b} = (1, 2, -2)$ の両方に垂直なベクトルを $\vec{c} = (x, y, z)$ とすると，$\vec{a} \cdot \vec{c} = 0$，$\vec{b} \cdot \vec{c} = 0$ であるから

$$1 \cdot x + 0 \cdot y + 2 \cdot z = 0, \quad 1 \cdot x + 2 \cdot y + (-2) \cdot z = 0$$

$|\vec{c}| = 3$ より，$\sqrt{x^2 + y^2 + z^2} = 3$ であるから，次の連立方程式が得られる。

$$\begin{cases} x + 2z = 0 & \cdots \text{①} \\ x + 2y - 2z = 0 & \cdots \text{②} \\ x^2 + y^2 + z^2 = 3^2 & \cdots \text{③} \end{cases}$$

第1回　1次：計算技能検定《解答・解説》

①より，$x=-2z$ …④

①－②より，$-2y+4z=0$　　$y=2z$ …⑤

④，⑤を③に代入して，$(-2z)^2+(2z)^2+z^2=3^2$　　$9z^2=9$　　$z=\pm 1$

これを④，⑤に代入して，$x=\mp 2$，$y=\pm 2$（複号同順）

したがって，求めるベクトルは，$(2, -2, -1)$，$(-2, 2, 1)$

(答)　$(2, -2, -1)$，$(-2, 2, 1)$

参考 ベクトルの内積と絶対値

$\vec{a}=(a, b, c)$とするとベクトルの大きさは，$|\vec{a}|=\sqrt{a^2+b^2+c^2}$である。

$\vec{c}=(x, y, z)$とすると，$\vec{a}$と$\vec{c}$の内積は，$\vec{a}\cdot\vec{c}=a\cdot x+b\cdot y+c\cdot z$である。

また，ベクトル$\vec{a}$，$\vec{b}$のなす角がθのとき，内積$\vec{a}\cdot\vec{b}$は，$\vec{a}\cdot\vec{b}=|\vec{a}||\vec{b}|\cos\theta$で表される。$\vec{a}$，$\vec{b}$が垂直のときは，$\vec{a}\cdot\vec{b}=|\vec{a}||\vec{b}|\cos 90°=0$となる。

問題4．

① 複素数$z=-1+\sqrt{3}i$の絶対値$|z|$は，

$|z|=\sqrt{(-1)^2+(\sqrt{3})^2}=2$より

$$z=2\left(-\frac{1}{2}+\frac{\sqrt{3}}{2}i\right)=2\left(\cos\frac{2}{3}\pi+i\sin\frac{2}{3}\pi\right)$$

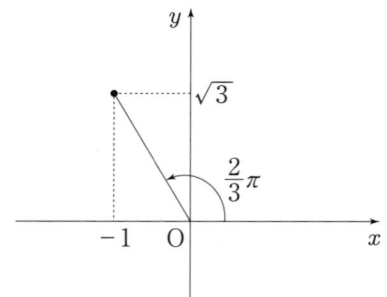

(答)　$z=2\left(\cos\frac{2}{3}\pi+i\sin\frac{2}{3}\pi\right)$

② ド・モアブルの定理より

$$z^5=2^5\left\{\cos\left(5\times\frac{2}{3}\pi\right)+i\sin\left(5\times\frac{2}{3}\pi\right)\right\}=32\left(\cos\frac{10}{3}\pi+i\sin\frac{10}{3}\pi\right)$$

$$=32\left(\cos\frac{4}{3}\pi+i\sin\frac{4}{3}\pi\right)$$

(答)　$|z|^5=32$，$\theta=\frac{4}{3}\pi$

第1回　1次：計算技能検定《解答・解説》

参考①　極形式

複素数平面において，0でない複素数 $z=a+bi$ を表す点をPとして，点Pと原点Oとの距離を r，線分OPと x 軸の正の部分とのなす角を θ とすると

$$\cos\theta=\frac{a}{r},\ \sin\theta=\frac{b}{r}$$

であるから

$$a=r\cos\theta,\ b=r\sin\theta$$

よって，複素数 z は

$$z=a+bi=r(\cos\theta+i\sin\theta)\ (r>0)$$

と表すことができる。これを複素数 z の極形式という。
ここで，r を z の絶対値，θ を z の偏角といい，$\theta=\arg z$ と表す。

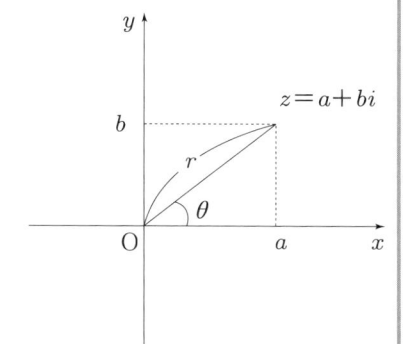

参考②　ド・モアブルの定理

z の極形式 $z=\cos\theta+i\sin\theta$ について，$z^n=\cos n\theta+i\sin n\theta$（$n$ は整数）が成り立つ。これをド・モアブルの定理という。また，次の式も成り立つ。

$$\{r(\cos\theta+i\sin\theta)\}^n=r^n(\cos n\theta+i\sin n\theta)$$

問題 5．

① $x=\cos t,\ y=\sqrt{2}\sin t$ より

$$\frac{dx}{dt}=-\sin t,\ \frac{dy}{dt}=\sqrt{2}\cos t$$

よって

$$\frac{dy}{dx}=\frac{dy}{dt}\cdot\frac{dt}{dx}=\frac{dy}{dt}\cdot\frac{1}{\frac{dx}{dt}}=\sqrt{2}\cos t\cdot\left(-\frac{1}{\sin t}\right)=-\sqrt{2}\cdot\frac{\cos t}{\sin t}=-\frac{\sqrt{2}}{\tan t}$$

である。

（答）　$\dfrac{dy}{dx}=-\dfrac{\sqrt{2}}{\tan t}$　$\left(-\dfrac{\sqrt{2}\cos t}{\sin t}\text{も可}\right)$

② $t=\dfrac{\pi}{4}$ に対応する点における接線の傾きは，①より

$$-\dfrac{\sqrt{2}}{\tan\dfrac{\pi}{4}}=-\dfrac{\sqrt{2}}{1}=-\sqrt{2}$$

$t=\dfrac{\pi}{4}$ に対応する点の x 座標，y 座標はそれぞれ

$$x=\cos\dfrac{\pi}{4}=\dfrac{1}{\sqrt{2}}$$

$$y=\sqrt{2}\sin\dfrac{\pi}{4}=\sqrt{2}\cdot\dfrac{1}{\sqrt{2}}=1$$

であるから，求める接線の方程式は

$$y-1=-\sqrt{2}\left(x-\dfrac{1}{\sqrt{2}}\right) \quad y=-\sqrt{2}\,x+1+1 \quad y=-\sqrt{2}\,x+2$$

である。

(答) $y=-\sqrt{2}\,x+2$

参考 媒介変数で表された関数の微分法

$$\begin{cases} x=f(t) \\ y=g(t) \end{cases} \text{のとき，} \quad \dfrac{dy}{dx}=\dfrac{\dfrac{dy}{dt}}{\dfrac{dx}{dt}}=\dfrac{g'(t)}{f'(t)}$$

問題6．

$a>0$，$b>0$ として，求める双曲線の方程式を

$$\dfrac{x^2}{a^2}-\dfrac{y^2}{b^2}=1 \quad \cdots ①$$

とおくと，焦点は $(\sqrt{a^2+b^2},\ 0)$，$(-\sqrt{a^2+b^2},\ 0)$ であるから，$\sqrt{a^2+b^2}=3$ より

$$b^2=9-a^2 \quad \cdots ②$$

①に $x=\sqrt{10}$，$y=2$ を代入して整理すると

$$\dfrac{10}{a^2}-\dfrac{4}{b^2}=1 \quad 10b^2-4a^2=a^2b^2$$

この式に②を代入すると

第1回　1次：計算技能検定《解答・解説》

$$10(9-a^2)-4a^2=a^2(9-a^2) \qquad 90-10a^2-4a^2=9a^2-a^4$$

$$a^4-23a^2+90=0 \qquad (a^2-18)(a^2-5)=0$$

$$a^2=18 \text{ または } a^2=5$$

a,b は実数であるから，②より $a^2=18$ は不適である。

したがって，$a^2=5$，$b^2=4$ より，双曲線の方程式は，$\dfrac{x^2}{5}-\dfrac{y^2}{4}=1$ である（$x=-\sqrt{10}$，$y=2$ もこの方程式を満たす）。

（答）　$\dfrac{x^2}{5}-\dfrac{y^2}{4}=1$

参考 双曲線

双曲線は2定点 F, F' からの距離の差が一定である点の軌跡であり，この2定点 F, F' を双曲線の焦点という。

・双曲線 $\dfrac{x^2}{a^2}-\dfrac{y^2}{b^2}=1$ $(a>0,\ b>0)$ の焦点は，F$(\sqrt{a^2+b^2},\ 0)$，F'$(-\sqrt{a^2+b^2},\ 0)$

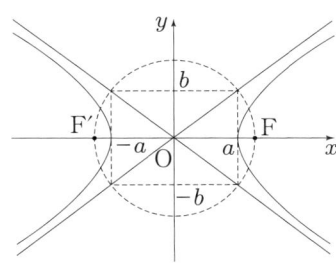

・双曲線 $\dfrac{x^2}{a^2}-\dfrac{y^2}{b^2}=-1$ $(a>0,\ b>0)$ の焦点は，F$(0,\ \sqrt{a^2+b^2})$，F'$(0,\ -\sqrt{a^2+b^2})$

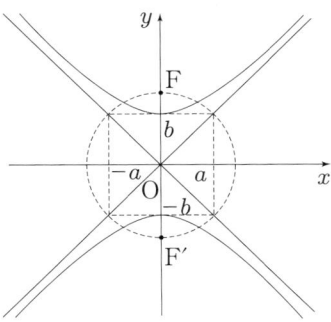

第1回 1次：計算技能検定《解答・解説》

問題7.

分母と分子にそれぞれ $\sqrt{3n+2}+\sqrt{3n+3}$, $\sqrt{n+1}+\sqrt{n+2}$ をかけて計算する。

$$\lim_{n\to\infty}\frac{\sqrt{n+1}-\sqrt{n+2}}{\sqrt{3n+2}-\sqrt{3n+3}}$$

$$=\lim_{n\to\infty}\frac{(\sqrt{n+1}-\sqrt{n+2})(\sqrt{n+1}+\sqrt{n+2})(\sqrt{3n+2}+\sqrt{3n+3})}{(\sqrt{3n+2}-\sqrt{3n+3})(\sqrt{3n+2}+\sqrt{3n+3})(\sqrt{n+1}+\sqrt{n+2})}$$

$$=\lim_{n\to\infty}\frac{\{(n+1)-(n+2)\}(\sqrt{3n+2}+\sqrt{3n+3})}{\{(3n+2)-(3n+3)\}(\sqrt{n+1}+\sqrt{n+2})}$$

$$=\lim_{n\to\infty}\frac{\sqrt{3n+2}+\sqrt{3n+3}}{\sqrt{n+1}+\sqrt{n+2}}$$

$$=\lim_{n\to\infty}\frac{\sqrt{3+\frac{2}{n}}+\sqrt{3+\frac{3}{n}}}{\sqrt{1+\frac{1}{n}}+\sqrt{1+\frac{2}{n}}}$$

$$=\frac{\sqrt{3}+\sqrt{3}}{\sqrt{1}+\sqrt{1}}=\frac{2\sqrt{3}}{2}=\sqrt{3}$$

（答） $\sqrt{3}$

参考 不定形の極限

式が見かけ上, $\frac{\infty}{\infty}$ や $\frac{0}{0}$ といった不定型となるような場合には分母, 分子の有理化を使うと極限が求められる場合がある。

$a>0$, $b>0$, $a\neq b$ のとき

・分母の有理化

$$\frac{c}{\sqrt{a}-\sqrt{b}}=\frac{c(\sqrt{a}+\sqrt{b})}{(\sqrt{a}-\sqrt{b})(\sqrt{a}+\sqrt{b})}=\frac{c(\sqrt{a}+\sqrt{b})}{a-b}$$

・分子の有理化

$$\frac{\sqrt{a}-\sqrt{b}}{c}=\frac{(\sqrt{a}-\sqrt{b})(\sqrt{a}+\sqrt{b})}{c(\sqrt{a}+\sqrt{b})}=\frac{a-b}{c(\sqrt{a}+\sqrt{b})}$$

第1回 2次：数理技能検定
《問題》

問題1．（選択）
x, y, z を $1 < x < y < z$ を満たす整数とするとき，次の等式を満たす (x, y, z) の組をすべて求めなさい。

$$\left(1+\frac{1}{x}\right)\left(1+\frac{1}{y}\right)\left(1+\frac{1}{z}\right) = \frac{9}{4}$$

問題2．（選択）
数列 $\{a_n\}$ の初項から第 n 項までの和を S_n とします。

$$a_1 = 3, \quad 4S_n = 3a_n + 9a_{n-1} + 3 \quad (n = 2, 3, 4, \cdots)$$

であるとき，次の問いに答えなさい。
（1） a_2 を求めなさい。この問題は解法の過程を記述せずに，答えだけを書いてください。
（2） 第 n 項 a_n を求めなさい。

問題3．（選択）
$f(x)$ は $0 \leqq x \leqq 1$ で連続な関数で，$0 < f(x) < 1$ であるとき，$f(c) = c$ $(0 < c < 1)$ を満たす c が少なくとも1つ存在することを示しなさい。　　　　　　（証明技能）

第1回　2次：数理技能検定《問題》

問題4．（選択）

楕円 $\dfrac{x^2}{a^2} + \dfrac{y^2}{b^2} = 1\,(a > b > 0)$ 上に点B$(0,\,b)$と点Pをとります。点Pが$x \geqq 0$の範囲を動くとき，線分BPの長さの最大値を求めなさい。

問題5．（選択）

相異なる5個の正の整数 a_1, a_2, a_3, a_4, a_5 があり，この中から3個を選びます。このとき，それらの和が3の倍数となる組合せが存在します（このことは証明しなくてもかまいません）。このような，和が3の倍数となる3個の整数からなる組合せの総数は，どのような場合でも，3で割ると1余る数であることを証明しなさい。　　　　　　　　（証明技能）

問題6．（必須）

△ABCの3つの内角について，次の等式を証明しなさい。　　　　　　　　（証明技能）
$$\sin 2A + \sin 2B + \sin 2C = 2(\sin A + \sin B + \sin C)(\cos A + \cos B + \cos C - 1)$$

問題7．（必須）

放物線 $y = -x^2 + x$ と直線 $y = -x$ で囲まれた部分を，直線 $y = -x$ のまわりに1回転してできる立体の体積Vを求めなさい。　　　　　　　　（測定技能）

第1回 2次：数理技能検定 《解答・解説》

問題1．

$x=2$ のときと $x \geq 3$ のときで場合分けをして考える。

（ⅰ）$x=2$ のとき

$$\left(1+\frac{1}{2}\right)\left(1+\frac{1}{y}\right)\left(1+\frac{1}{z}\right)=\frac{9}{4} \quad \left(1+\frac{1}{y}\right)\left(1+\frac{1}{z}\right)=\frac{3}{2}$$

$2 < y < z$ より，$y=3$ のとき

$$\left(1+\frac{1}{3}\right)\left(1+\frac{1}{z}\right)=\frac{3}{2} \quad 1+\frac{1}{z}=\frac{9}{8} \quad \frac{1}{z}=\frac{1}{8} \quad z=8$$

$y=4$ のとき

$$\left(1+\frac{1}{4}\right)\left(1+\frac{1}{z}\right)=\frac{3}{2} \quad 1+\frac{1}{z}=\frac{6}{5} \quad \frac{1}{z}=\frac{1}{5} \quad z=5$$

$y \geq 5$ のとき，$z \geq 6$ より

$$\left(1+\frac{1}{y}\right)\left(1+\frac{1}{z}\right) \leq \left(1+\frac{1}{5}\right)\left(1+\frac{1}{6}\right)=\frac{7}{5}<\frac{3}{2}$$

となって不適である。

（ⅱ）$x \geq 3$ のとき，$y \geq 4$，$z \geq 5$ より

$$\left(1+\frac{1}{x}\right)\left(1+\frac{1}{y}\right)\left(1+\frac{1}{z}\right) \leq \left(1+\frac{1}{3}\right)\left(1+\frac{1}{4}\right)\left(1+\frac{1}{5}\right)=2<\frac{9}{4}$$

となって不適である。

以上から，（ⅰ），（ⅱ）より，$(x, y, z)=(2, 3, 8), (2, 4, 5)$

（答）$(x, y, z)=(2, 3, 8), (2, 4, 5)$

参考 整数の性質（分数）

本問では x, y, z の値が大きくなると $\frac{1}{x}, \frac{1}{y}, \frac{1}{z}$ は小さな値になり，ある数以上の x に対して等号が成り立たない。このように x, y, z のとりうる範囲を絞り込むことができる。

本問では $x \geq 3$ で，$\left(1+\frac{1}{x}\right)\left(1+\frac{1}{y}\right)\left(1+\frac{1}{z}\right) < \frac{9}{4}$ と成り立たないため，$x=2$ の場合のみ考えればよい。

第1回　2次：数理技能検定《解答・解説》

問題2.

（1） 与えられた漸化式に $n=2$ を代入すると
$$4S_2 = 3a_2 + 9a_1 + 3 = 3a_2 + 9 \times 3 + 3 = 3a_2 + 30 \quad \cdots ①$$
また S_2 は数列 $\{a_n\}$ の初項と第2項の和であるから
$$S_2 = a_1 + a_2 = 3 + a_2 \quad \cdots ②$$
①，②より，$4(3+a_2) = 3a_2 + 30$
よって，$a_2 = 18$

（答）　$a_2 = 18$

（2）　$n \geq 2$ に対して，右の図から
$$4a_{n+1} = 3a_{n+1} + 6a_n - 9a_{n-1}$$
$$a_{n+1} - 6a_n + 9a_{n-1} = 0 \quad \cdots ③$$
が成り立つ。特性方程式
$$x^2 - 6x + 9 = 0$$

$$\begin{array}{r} 4S_{n+1} = 3a_{n+1} + 9a_n + 3 \\ -)\ 4S_n = 3a_n + 9a_{n-1} + 3 \\ \hline 4a_{n+1} = 3a_{n+1} + 6a_n - 9a_{n-1} \end{array}$$

を解くと，$x=3$ であるから，③は次のように変形できる。
$$a_{n+1} - 3a_n = 3(a_n - 3a_{n-1}) \quad \cdots ④$$
④から，数列 $\{a_{n+1} - 3a_n\}$ は初項 $a_2 - 3a_1 = 9$，公比3の等比数列であり
$$a_{n+1} - 3a_n = 9 \cdot 3^{n-1} = 3^{n+1}$$
両辺を 3^{n+1} で割ると
$$\frac{a_{n+1}}{3^{n+1}} - \frac{3a_n}{3^{n+1}} = \frac{3^{n+1}}{3^{n+1}}$$
$$\frac{a_{n+1}}{3^{n+1}} - \frac{a_n}{3^n} = 1 \quad \cdots ⑤$$
⑤から，数列 $\left\{\dfrac{a_n}{3^n}\right\}$ は初項 $\dfrac{a_1}{3} = 1$，公差1の等差数列であり
$$\frac{a_n}{3^n} = 1 + (n-1) \times 1 = n$$
よって，$a_n = n \cdot 3^n$ であり，この式に $n=1$ を代入すると，$a_1 = 1 \cdot 3^1 = 3$ となって，すべての整数について成り立つ。

（答）　$a_n = n \cdot 3^n$

第1回　2次：数理技能検定《解答・解説》

> **参考①　数列の和と一般項**
>
> 数列 $\{a_n\}$ の初項から第 n 項までの和を S_n とすると，$n \geq 2$ のとき
>
> $$S_n = a_1 + a_2 + a_3 + \cdots\cdots + a_{n-1} + a_n$$
> $$S_{n-1} = a_1 + a_2 + a_3 + \cdots\cdots + a_{n-1}$$
>
> であるから
>
> $$S_n - S_{n-1} = a_n$$
>
> である。
>
> S_0 や a_0 は存在しないため，上の式が成り立つのは $n \geq 2$ のときであり，$n=1$ のときは
>
> $$S_1 = a_1$$
>
> である。

$n \geq 2$ のとき，$a_n = n \cdot 3^n$ と求めたあと，すぐにこれを答えとしてはならないので注意が必要である。必ず $n=1$ で成り立つのかどうかを確認して，成り立つのであれば答えを1つにまとめ，成り立たないのであれば $n=1$ のときと $n \geq 2$ のときで，答えを2つに分けて答えること。

> **参考②　隣接3項間の漸化式**
>
> $a_1 = a$，$a_2 = b$，$a_{n+2} + pa_{n+1} + qa_n = 0$（$pq \neq 0$）で定められる数列 $\{a_n\}$ の一般項は，$x^2 + px + q = 0$（特性方程式）の2つの解を α, β として
>
> $$a_{n+2} - \alpha a_{n+1} = \beta(a_{n+1} - \alpha a_n), \quad a_{n+2} - \beta a_{n+1} = \alpha(a_{n+1} - \beta a_n)$$
>
> と変形できる。本問の③では $\alpha = \beta = 3$ である。

問題3．

$g(x) = f(x) - x$ とおくと，$g(x)$ は $0 \leq x \leq 1$ で連続で，$0 < f(x) < 1$ より

$$g(0) = f(0) - 0 = f(0) > 0$$
$$g(1) = f(1) - 1 < 0$$

したがって中間値の定理より，$g(c) = 0$（$0 < c < 1$）を満たす c が少なくとも1つ存在する。以上から

$$g(c) = f(c) - c = 0, \text{ すなわち } f(c) = c \quad (0 < c < 1)$$

を満たす c が少なくとも1つ存在する。

第1回　2次：数理技能検定《解答・解説》

> **参考　中間値の定理**
>
> 関数 $f(x)$ が $a \leq x \leq b$ で連続で $f(a) \neq f(b)$ のとき，$f(a)$ と $f(b)$ の間のどんな数 k に対しても
>
> $$f(c)=k \quad (a<c<b)$$
>
> を満たす c が少なくとも1つ存在する。これを中間値の定理という。
> 本問ではこの定理を次のように応用して使っている。
>
> 関数 $f(x)$ が $a \leq x \leq b$ で連続で $f(a)$ と $f(b)$ が異符号ならば，a と b の間に $f(c)=0$ を満たす c が少なくとも1つ存在する。
> 右の図は $f(a)<0$，$f(b)>0$ の場合で a と b の間に $f(c)=0$ となる c が3個存在している。

本問では，中間値の定理を使うために，$g(x)=f(x)-x$ の形が思いつけるかどうかがポイントとなる。

問題4．

$P(a\cos\theta, b\sin\theta) \quad \left(-\dfrac{\pi}{2} \leq \theta \leq \dfrac{\pi}{2}\right)$ とおくと

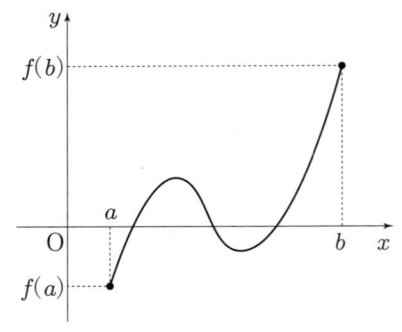

$$BP^2 = a^2\cos^2\theta + (b\sin\theta - b)^2$$
$$= a^2(1-\sin^2\theta) + b^2(\sin^2\theta - 2\sin\theta + 1)$$
$$= -(a^2-b^2)\sin^2\theta - 2b^2\sin\theta + a^2 + b^2$$

平方完成をすると

$$BP^2 = -(a^2-b^2)\left(\sin^2\theta + \dfrac{2b^2}{a^2-b^2}\sin\theta\right) + a^2 + b^2$$
$$= -(a^2-b^2)\left\{\sin^2\theta + \dfrac{2b^2}{a^2-b^2}\sin\theta + \dfrac{b^4}{(a^2-b^2)^2}\right\} + \dfrac{b^4}{a^2-b^2} + a^2 + b^2$$
$$= -(a^2-b^2)\left(\sin\theta + \dfrac{b^2}{a^2-b^2}\right)^2 + \dfrac{a^4}{a^2-b^2}$$

ここで，$t=\sin\theta$，$BP^2=f(t)$ とおくと

$$f(t) = -(a^2-b^2)\left(t + \dfrac{b^2}{a^2-b^2}\right)^2 + \dfrac{a^4}{a^2-b^2} \quad (-1 \leq t \leq 1)$$

以下，放物線の軸 $t=-\dfrac{b^2}{a^2-b^2}$ が $-1\leqq t\leqq 1$ に含まれるかどうかで場合分けをする。

$a>b>0$ より，$-(a^2-b^2)<0$ で，$-\dfrac{b^2}{a^2-b^2}<0$ であることに注意する。

- $-\dfrac{b^2}{a^2-b^2}<-1$ のとき，$f(t)$ は $t=-1$ で最大値 $4b^2$ をとる。

  このとき $b^2>a^2-b^2$ より，$b<a<\sqrt{2}b$ で，$\mathrm{BP}=\sqrt{4b^2}=2b$ となる。

- $-1\leqq -\dfrac{b^2}{a^2-b^2}<0$ のとき，$f(t)$ は $t=-\dfrac{b^2}{a^2-b^2}$ で最大値 $\dfrac{a^4}{a^2-b^2}$ をとる。

  このとき $b^2\leqq a^2-b^2$ より，$a\geqq\sqrt{2}b$ で，$\mathrm{BP}=\sqrt{\dfrac{a^4}{a^2-b^2}}=\dfrac{a^2}{\sqrt{a^2-b^2}}$ となる。

（答）　$b<a<\sqrt{2}b$ のとき最大値 $2b$，$a\geqq\sqrt{2}b$ のとき最大値 $\dfrac{a^2}{\sqrt{a^2-b^2}}$

参考①　楕円の媒介変数表示

楕円 $\dfrac{x^2}{a^2}+\dfrac{y^2}{b^2}=1$ は円 $x^2+y^2=a^2$ を x 軸を基準として，y 軸方向に $\dfrac{b}{a}$ 倍した曲線であるから，円の媒介変数表示 $x=a\cos\theta,\ y=a\sin\theta$ を利用して

$$x=a\cos\theta,\qquad y=\dfrac{b}{a}\cdot a\sin\theta=b\sin\theta$$

と媒介変数表示できる。

参考②　2次関数の最大・最小

頂点が定義域に含まれない場合と定義域に含まれる場合に分けて考える。

頂点が定義域に含まれない　　　　頂点が定義域に含まれる

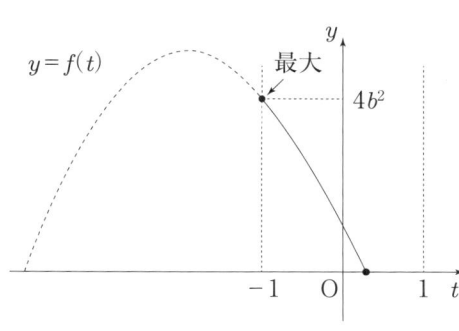
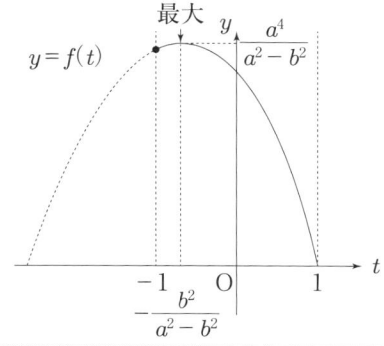

第1回　2次：数理技能検定《解答・解説》

問題5.

p, q, r を 0, 1, 2 のいずれかの相異なる整数とする。5個の整数 a_1, a_2, a_3, a_4, a_5 を 3 で割った余りで分類すると，以下の（ⅰ）〜（ⅴ）のいずれかになる。

（ⅰ）3で割った余りが (p, p, p, p, p) のとき，5個からどの3個を選んでもその和は3の倍数になる。この組合せの総数は，${}_5C_3 = 10$（個）

（ⅱ）3で割った余りが (p, p, p, p, q) のとき，和が3の倍数になるのは，余りが p となる4個から3個を選ぶ場合に限られる。この組合せの総数は，${}_4C_3 = 4$（個）

（ⅲ）3で割った余りが (p, p, p, q, q) のとき，和が3の倍数になるのは，余りが p となる3個を選ぶ場合に限られる。この組合せの総数は ${}_3C_3 = 1$（個）

（ⅳ）3で割った余りが (p, p, p, q, r) のとき，和が3の倍数になるのは，余りが p となる3個を選ぶか，余りが p, q, r となる数をそれぞれ1個選ぶ場合に限られる。この組合せの総数は，$1 + 3 = 4$（個）

（ⅴ）3で割った余りが (p, p, q, q, r) のとき，和が3の倍数になるのは，余りが p, q, r となる数をそれぞれ1個選ぶ場合に限られる。この組合せの総数は，$2 \times 2 = 4$（個）

（ⅰ）〜（ⅴ）において求めた，和が3の倍数になる組合せの総数は，1，4，10 のいずれかであり，これらは3で割ると1余る数である。

> **参考　整数の性質（3で割った余り）**
>
> すべての整数は $3k$, $3k+1$, $3k+2$ というように3で割った余りによって分類できる。したがって，a_1〜a_5 で場合分けをするのではなく3で割った余り (p, q, r) だけに注目して場合分けをすることができる。

問題6.

$$\begin{aligned}
(\text{右辺}) &= 2(\sin A + \sin B + \sin C)(\cos A + \cos B + \cos C - 1) \\
&= 2\sin A(\cos A + \cos B + \cos C - 1) + 2\sin B(\cos A + \cos B + \cos C - 1) \\
&\quad + 2\sin C(\cos A + \cos B + \cos C - 1) \\
&= 2\sin A\cos A + 2\sin B\cos B + 2\sin C\cos C + 2(\sin A\cos B + \cos A\sin B) \\
&\quad + 2(\sin B\cos C + \cos B\sin C) + 2(\sin C\cos A + \cos C\sin A) \\
&\quad - 2(\sin A + \sin B + \sin C) \\
&= \sin 2A + \sin 2B + \sin 2C + 2\sin(A+B) + 2\sin(B+C) + 2\sin(C+A) \\
&\quad - 2(\sin A + \sin B + \sin C)
\end{aligned}$$

ここで，$A+B+C=\pi$ より
$$\sin(A+B)=\sin(\pi-C)=\sin C$$
同様にして，$\sin(B+C)=\sin A$，$\sin(C+A)=\sin B$ であるから
$$(右辺)=\sin 2A+\sin 2B+\sin 2C+2\sin C+2\sin A+2\sin B-2(\sin A+\sin B+\sin C)$$
$$=\sin 2A+\sin 2B+\sin 2C=(左辺)$$
よって，等式は成り立つ．

参考 三角関数の加法定理と２倍角の公式

加法定理
$$\sin(\alpha+\beta)=\sin\alpha\cos\beta+\cos\alpha\sin\beta$$
$$\cos(\alpha+\beta)=\cos\alpha\cos\beta-\sin\alpha\sin\beta$$
２倍角の公式
$$\sin 2\theta=2\sin\theta\cos\theta$$
$$\cos 2\theta=\cos^2\theta-\sin^2\theta=2\cos^2\theta-1=1-2\sin^2\theta$$

加法定理において，$\alpha=\beta=\theta$ とおくと，２倍角の公式が導かれる．

問題7．
放物線 $y=-x^2+x$ と直線 $y=-x$ との交点の座標は，これらの式を連立して解くことで，
$O(0,\ 0)$，$P(2,\ -2)$ と求められる．
放物線上に点 $Q(x,\ -x^2+x)$ をとり，下の図のように点 Q から直線 $y=-x$ に垂線 QR を引くと，点と直線の距離の公式から
$$QR=\frac{|x-x^2+x|}{\sqrt{1^2+1^2}}=\frac{|-x^2+2x|}{\sqrt{2}}$$
となる．
$f(x)=-x^2+x$ とおくと，$x\geqq 0$ で $f'(x)=-2x+1\leqq 1$
であるから，点 Q と点 R は１対１に対応する．
$OR=t$ とすると，$0\leqq t\leqq 2\sqrt{2}$ であるから
$$V=\pi\int_0^{2\sqrt{2}}QR^2 dt \quad \cdots ①$$
と表される．ここで，$OQ^2=OR^2+QR^2$ より
$$x^2+(-x^2+x)^2=t^2+\left(\frac{-x^2+2x}{\sqrt{2}}\right)^2$$

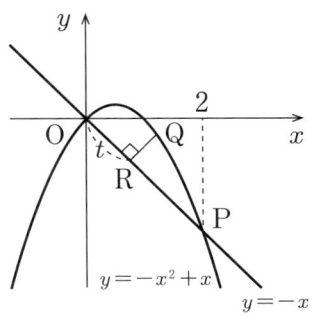

第1回　2次：数理技能検定《解答・解説》

$$x^2+x^4-2x^3+x^2=t^2+\frac{x^4-4x^3+4x^2}{2}$$

t について解くと，$t^2=\frac{x^4}{2}$ より，$t=\frac{x^2}{\sqrt{2}}$

t	$0 \to 2\sqrt{2}$
x	$0 \to 2$

よって，$dt=\frac{2x}{\sqrt{2}}dx=\sqrt{2}\,x\,dx$ であるから，①は

$$V=\pi\int_0^2 \frac{(-x^2+2x)^2}{2}\times\sqrt{2}\,x\,dx=\frac{\sqrt{2}}{2}\pi\int_0^2(x^5-4x^4+4x^3)dx$$

$$=\frac{\sqrt{2}}{2}\pi\left[\frac{1}{6}x^6-\frac{4}{5}x^5+x^4\right]_0^2=\frac{\sqrt{2}}{2}\pi\times\frac{16}{15}=\frac{8\sqrt{2}}{15}\pi$$

(答)　$\dfrac{8\sqrt{2}}{15}\pi$

参考①　点と直線の距離

点 $(x_1,\ y_1)$ と直線 $ax+by+c=0$ の距離 d は，$d=\dfrac{|ax_1+by_1+c|}{\sqrt{a^2+b^2}}$

参考②　回転体の体積

$a\leqq x\leqq b$ で $f(x)\geqq 0$ のとき，曲線 $y=f(x)$ および直線 $x=a$，$x=b$，x 軸に囲まれた図形をこの区間で x 軸の周りに1回転してできる回転体の体積 V は

$$V=\pi\int_a^b y^2 dx=\pi\int_a^b \{f(x)\}^2 dx$$

で与えられる。

本問では回転軸が x 軸ではなく，直線 $y=-x$ であるため，$\int_a^b f(t)dt=\int_\alpha^\beta f(t(x))\dfrac{dt}{dx}dx$ といった変数変換をしなくてはならない。

第 2 回

1次：計算技能検定《問題》　　　……　26
1次：計算技能検定《解答・解説》　……　28
2次：数理技能検定《問題》　　　……　35
2次：数理技能検定《解答・解説》　……　39

実用数学技能検定 準1級［完全解説問題集］　発見

第2回 1次：計算技能検定 《問題》

問題1.

次の等式が x についての恒等式であるとき，定数 a, b, c の値を求めなさい。

$$\frac{1}{x^3-x} = \frac{a}{x} + \frac{b}{x-1} + \frac{c}{x+1}$$

問題2.

円 $x^2+6x+y^2-4y=0$ と直線 $4x+3y+1=0$ の2つの交点をA，Bとするとき，線分ABの長さを求めなさい。

問題3.

2つの単位ベクトル $\vec{a}, \vec{b}$ が $2|\vec{a}+\vec{b}| = |\vec{a}-\vec{b}|$ を満たすとき，$\vec{a}+\vec{b}$ の大きさを求めなさい。

問題4.

i を虚数単位とします。複素数 $z = \dfrac{1-i}{\sqrt{3}+i}$ について，次の問いに答えなさい。

① z の偏角 $\theta = \arg z$ を求めなさい。ただし，$0 \leqq \theta < 2\pi$ とします。

② $\left(\dfrac{1}{z}\right)^n$ が実数となるような，最小の正の整数 n の値を求めなさい。

問題5．

次の問いに答えなさい。ただし，e は自然対数の底を表します。

① 次の不定積分を求めなさい。
$$\int e^{2x} \sin x \, dx$$

② 次の定積分を求めなさい。
$$\int_0^\pi e^{2x} \sin x \, dx$$

問題6．

2点$(0,0)$，$(0,2)$からの距離の和が4であるxy平面上の楕円の方程式を求めなさい。

問題7．

次の極限値を求めなさい。
$$\lim_{x \to \infty} x^2 \left(1 - \cos^3 \frac{1}{x}\right)$$

第2回 1次：計算技能検定 《解答・解説》

問題1.

$$(右辺) = \frac{a}{x} + \frac{b}{x-1} + \frac{c}{x+1} = \frac{a(x^2-1) + bx(x+1) + cx(x-1)}{x(x-1)(x+1)}$$

$$= \frac{(a+b+c)x^2 + (b-c)x - a}{x^3 - x}$$

恒等式だから，左辺の分子の係数と比較して，$a+b+c=0$, $b-c=0$, $-a=1$ となる。よって，$a=-1$, $b=c=\dfrac{1}{2}$ である。

(答) $a=-1$, $b=c=\dfrac{1}{2}$

別解

$$\frac{1}{x^3-x} = \frac{a}{x} + \frac{b}{x-1} + \frac{c}{x+1} \quad \cdots ①$$

①の両辺の分母を払うと，$1 = a(x-1)(x+1) + bx(x+1) + cx(x-1)$ …②

②に $x=0$, $x=1$, $x=-1$ をそれぞれ代入すると，$1=-a$, $1=2b$, $1=2c$

よって，$a=-1$, $b=c=\dfrac{1}{2}$ …③

ここで，③を①の右辺に代入すると

$$-\frac{1}{x} + \frac{1}{2(x-1)} + \frac{1}{2(x+1)} = \frac{-2(x-1)(x+1) + x(x+1) + x(x-1)}{2x(x-1)(x+1)}$$

$$= \frac{2}{2x(x-1)(x+1)} = \frac{1}{x^3-x} = (左辺)$$

となって，恒等式となることが確かめられる。

参考 恒等式の性質

恒等式とは，式に含まれる x などの変数にどのような値を代入しても両辺の値が等しくなる等式のことである。恒等式の両辺が変数 x についての多項式のとき，同類項を整理すると両辺の同じ次数の項の係数はそれぞれ等しくなる。たとえば，$ax^2+bx+c = a'x^2+b'x+c'$ が x についての恒等式のとき，$a=a'$, $b=b'$, $c=c'$ である。
恒等式の解法として，係数比較法，数値代入法が知られている。

第2回　1次：計算技能検定《解答・解説》

本問では，解答に係数比較法，別解に数値代入法を用いている。
別解の解法では，はじめに定義されていない $x=0$，± 1 の値を②の式に代入しているが，この場合は最後に求めた a，b，c の値が正しいことを確かめる必要がある。

問題2.

$x^2+6x+y^2-4y=0$ より，円の方程式は
$$x^2+6x+9+y^2-4y+4=9+4$$
$$(x+3)^2+(y-2)^2=13$$

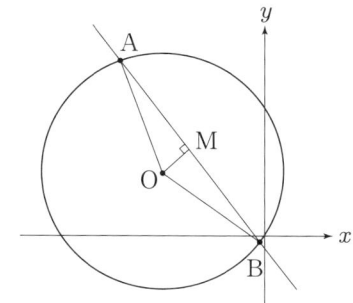

と表されるから，中心は $(-3, 2)$，半径は $\sqrt{13}$ である。
円と直線の交点を A，B とすると，弦の垂直二等分線は円の中心を通ることから，弦 AB の中点を M とすると，線分 OM の長さは，中心 $(-3, 2)$ と直線 $4x+3y+1=0$ の距離であるから，点と直線の距離の公式を使うと

$$OM=\frac{|4\cdot(-3)+3\cdot 2+1|}{\sqrt{4^2+3^2}}=\frac{|-12+6+1|}{5}=1$$

△OAM において，$OA=\sqrt{13}$，$OM=1$，$\angle OMA=90°$ であるから，三平方の定理より
$$AM^2=OA^2-OM^2=13-1=12$$
$AM>0$ より，$AM=2\sqrt{3}$ となる。
よって，AB の長さは，$AB=2\sqrt{3}\times 2=4\sqrt{3}$ である。

（答）　$4\sqrt{3}$

別解　直線の式 $y=-\dfrac{1}{3}(4x+1)$ を円の式に代入して整理すると

$$25x^2+110x+13=0$$

この2つの解を α，β とおくと，$A\left(\alpha, -\dfrac{1}{3}(4\alpha+1)\right)$，$B\left(\beta, -\dfrac{1}{3}(4\beta+1)\right)$ とおくことができる。また解と係数の関係より，$\alpha+\beta=-\dfrac{22}{5}$，$\alpha\beta=\dfrac{13}{25}$ が成り立つから

$$AB^2=(\beta-\alpha)^2+\left\{-\dfrac{1}{3}(4\beta+1)+\dfrac{1}{3}(4\alpha+1)\right\}^2=(\beta-\alpha)^2+\left\{\dfrac{4}{3}(\alpha-\beta)\right\}^2$$
$$=\dfrac{25}{9}(\beta-\alpha)^2=\dfrac{25}{9}\{(\alpha+\beta)^2-4\alpha\beta\}=48$$

第 2 回　1 次：計算技能検定《解答・解説》

AB＞0 より，AB＝$4\sqrt{3}$

参考①　点と直線の距離

点 (x_1, y_1) と直線 $ax+by+c=0$ の距離 d は，$d=\dfrac{|ax_1+by_1+c|}{\sqrt{a^2+b^2}}$

弦 AB と円の中心との距離の関係に気づくことがポイントである。

参考②　2 次方程式の解と係数の関係

$ax^2+bx+c=0 (a\neq 0)$ の 2 つの解を α,β とすると，次の関係が成り立つ。

$$\alpha+\beta=-\dfrac{b}{a}, \qquad \alpha\beta=\dfrac{c}{a}$$

問題 3．

$2|\vec{a}+\vec{b}|=|\vec{a}-\vec{b}|$ の両辺を 2 乗すると

$$4\{|\vec{a}|^2+2\vec{a}\cdot\vec{b}+|\vec{b}|^2\}=|\vec{a}|^2-2\vec{a}\cdot\vec{b}+|\vec{b}|^2$$

ここで，$\vec{a},\vec{b}$ は単位ベクトルであるから，$|\vec{a}|=|\vec{b}|=1$ を代入して

$$4(2+2\vec{a}\cdot\vec{b})=2-2\vec{a}\cdot\vec{b} \qquad 10\vec{a}\cdot\vec{b}=-6 \qquad \vec{a}\cdot\vec{b}=-\dfrac{3}{5}$$

よって

$$|\vec{a}+\vec{b}|^2=|\vec{a}|^2+2\vec{a}\cdot\vec{b}+|\vec{b}|^2=2+2\cdot\left(-\dfrac{3}{5}\right)=\dfrac{4}{5}$$

$|\vec{a}+\vec{b}|\geqq 0$ であるから，$|\vec{a}+\vec{b}|=\dfrac{2}{\sqrt{5}}=\dfrac{2\sqrt{5}}{5}$

（答）　$\dfrac{2\sqrt{5}}{5}\left(\dfrac{2}{\sqrt{5}}\text{も可}\right)$

参考　ベクトルの絶対値と内積の関係

$$|\vec{a}+\vec{b}|^2=(\vec{a}+\vec{b})\cdot(\vec{a}+\vec{b})=|\vec{a}|^2+2\vec{a}\cdot\vec{b}+|\vec{b}|^2$$

$$|\vec{a}-\vec{b}|^2=(\vec{a}-\vec{b})\cdot(\vec{a}-\vec{b})=|\vec{a}|^2-2\vec{a}\cdot\vec{b}+|\vec{b}|^2$$

第2回　1次：計算技能検定《解答・解説》

問題4．

① $z_1 = 1-i$，$z_2 = \sqrt{3}+i$ とおくと

$$z_1 = \sqrt{2}\left(\frac{1}{\sqrt{2}} - \frac{1}{\sqrt{2}}i\right) = \sqrt{2}\left(\cos\frac{7}{4}\pi + i\sin\frac{7}{4}\pi\right)$$

$$z_2 = 2\left(\frac{\sqrt{3}}{2} + \frac{1}{2}i\right) = 2\left(\cos\frac{\pi}{6} + i\sin\frac{\pi}{6}\right)$$

よって，偏角は

$$\theta = \arg z = \frac{7}{4}\pi - \frac{\pi}{6} = \frac{19}{12}\pi$$

（答）　$\theta = \dfrac{19}{12}\pi$

② $\dfrac{1}{z} = z^{-1}$ であるから，偏角は

$$\arg\frac{1}{z} = -\arg z = -\frac{19}{12}\pi + 2\pi = \frac{5}{12}\pi$$

である。ド・モアブルの定理より

$$\left(\frac{1}{z}\right)^n = \left\{\frac{2}{\sqrt{2}}\left(\cos\frac{5}{12}\pi + i\sin\frac{5}{12}\pi\right)\right\}^n = \left(\frac{2}{\sqrt{2}}\right)^n\left(\cos\frac{5}{12}n\pi + i\sin\frac{5}{12}n\pi\right)$$

$\left(\dfrac{1}{z}\right)^n$ は実数であるから，$\sin\dfrac{5}{12}n\pi$ は 0 となる。よって，k を整数として，$\dfrac{5}{12}n = k$，すなわち n が 12 の倍数のときであるから，これを満たす最小の n の値は，$n=12$ である。

（答）　$n = 12$

参考①　偏角 arg z

2つの複素数 $z_1 = r_1(\cos\theta_1 + i\sin\theta_1)$，$z_2 = r_2(\cos\theta_2 + i\sin\theta_2)$ に対して，$z = \dfrac{z_1}{z_2}$ の偏角 $\arg z$ は，$\theta_1 - \theta_2$ で求めることができる。

参考②　ド・モアブルの定理

i を虚数単位として，0でない複素数を $r(\cos\theta + i\sin\theta)$ と表すとき，整数 n に対して，$\{r(\cos\theta + i\sin\theta)\}^n = r^n(\cos n\theta + i\sin n\theta)$ が成り立つ。

第2回　1次：計算技能検定《解答・解説》

問題5．

① $I = \int e^{2x} \sin x \, dx$ とおいて，部分積分法を使うと

$$I = \frac{1}{2} e^{2x} \sin x - \int \frac{1}{2} e^{2x} \cos x \, dx$$

となる。右辺の第2項に部分積分法を使うと

$$\int \frac{1}{2} e^{2x} \cos x \, dx = \frac{1}{4} e^{2x} \cos x - \int \frac{1}{4} e^{2x} (-\sin x) \, dx = \frac{1}{4} e^{2x} \cos x + \frac{1}{4} \int e^{2x} \sin x \, dx$$

よって

$$I = \frac{1}{2} e^{2x} \sin x - \frac{1}{4} e^{2x} \cos x - \frac{1}{4} I$$

と表されるので，Iについて解くと

$$\frac{5}{4} I = \frac{2 e^{2x} \sin x - e^{2x} \cos x}{4} \qquad I = \frac{e^{2x}(2 \sin x - \cos x)}{5} + C \text{（Cは積分定数）}$$

となる。

(答) $\dfrac{e^{2x}(2 \sin x - \cos x)}{5} + C$（$C$は積分定数）

② ①より，$I = \dfrac{e^{2x}(2 \sin x - \cos x)}{5} + C$ だから

$$\int_0^{\pi} e^{2x} \sin x \, dx = \left[\frac{e^{2x}(2 \sin x - \cos x)}{5} \right]_0^{\pi} = \frac{e^{2\pi}}{5} (-\cos \pi) - \left\{ \frac{e^0 (-\cos 0)}{5} \right\}$$

$$= \frac{e^{2\pi}}{5} + \frac{1}{5} = \frac{e^{2\pi} + 1}{5}$$

(答) $\dfrac{e^{2\pi} + 1}{5}$

参考　部分積分法

関数 $f'(x)$, $g(x)$ の積 $f'(x)g(x)$ の積分は次のようになる。

$$\int f'(x) g(x) \, dx = f(x) g(x) - \int f(x) g'(x) \, dx$$

部分積分法は，$x^n \sin x$ や $x^n \cos x$, $x^n \log_e x$ などを積分するときによく用いられる。本問では，部分積分法を何度も使うことで計算することができる。

第2回　1次：計算技能検定《解答・解説》

問題6.

2点$(0, 0)$, $(0, 2)$をy軸に関して対称になるように，それぞれy軸方向に-1平行移動させた点を考える。

2点$(0, -1)$, $(0, 1)$を焦点とする楕円の方程式を$\dfrac{x^2}{a^2}+\dfrac{y^2}{b^2}=1$ $(0 < a < b)$とおくと，焦点の座標が$(0, -1)$, $(0, 1)$であるから

$$\sqrt{b^2-a^2}=1 \quad b^2-a^2=1 \quad \cdots ①$$

また，焦点からの距離の和が4であるから

$$2b=4 \text{より，} b=2 \quad \cdots ②$$

①，②より，$a^2=3$, $b^2=4$であるから

$$\dfrac{x^2}{3}+\dfrac{y^2}{4}=1 \quad \cdots ③$$

求める楕円の方程式は，③の楕円をy軸方向に$+1$平行移動させたものであるから

$$\dfrac{x^2}{3}+\dfrac{(y-1)^2}{4}=1$$

となる。

（答）　$\dfrac{x^2}{3}+\dfrac{(y-1)^2}{4}=1$

別解　楕円上の任意の点を$P(x, y)$とおく。焦点の座標を$F(0, 0)$, $F'(0, 2)$とすると，$PF+PF'=4$は一定であるから

$$\sqrt{x^2+y^2}+\sqrt{x^2+(y-2)^2}=4 \quad \sqrt{x^2+(y-2)^2}=4-\sqrt{x^2+y^2}$$

両辺を2乗して

$$x^2+(y-2)^2=16-8\sqrt{x^2+y^2}+x^2+y^2$$
$$x^2+y^2-4y+4=16-8\sqrt{x^2+y^2}+x^2+y^2$$
$$8\sqrt{x^2+y^2}=12+4y \quad 2\sqrt{x^2+y^2}=3+y$$

両辺を2乗して

$$4(x^2+y^2)=9+6y+y^2 \quad 4x^2+3y^2-6y=9 \quad 4x^2+3(y-1)^2=12$$

よって

$$\dfrac{x^2}{3}+\dfrac{(y-1)^2}{4}=1$$

となる。

第 2 回　1 次：計算技能検定《解答・解説》

> **参考　楕円の焦点**
>
> 楕円 $\dfrac{x^2}{a^2}+\dfrac{y^2}{b^2}=1$ $(a>0,\ b>0)$ の焦点について，次のことが成り立つ。
>
> （ⅰ）$0<b<a$ のとき（x 軸方向に長い楕円）
>
> 　　焦点 $F(\sqrt{a^2-b^2},\ 0)$，$F'(-\sqrt{a^2-b^2},\ 0)$
>
> 　　この楕円上の任意の点 P について，$PF+PF'=2a$（一定）
>
> （ⅱ）$0<a<b$ のとき（y 軸方向に長い楕円）
>
> 　　焦点 $F(0,\ \sqrt{b^2-a^2})$，$F'(0,\ -\sqrt{b^2-a^2})$
>
> 　　この楕円上の任意の点 P について，$PF+PF'=2b$（一定）
>
> ※ p.102 の図も参考にするとよい。

問題 7．

$\dfrac{1}{x}=t$ とおくと，$x\to\infty$ のとき $t\to 0$ となるから，$\displaystyle\lim_{x\to\infty}x^2\left(1-\cos^3\dfrac{1}{x}\right)=\lim_{t\to 0}\dfrac{1}{t^2}(1-\cos^3 t)$

となる。ここで，$1-\cos^3 t=(1-\cos t)(1+\cos t+\cos^2 t)$ であるから

$$\lim_{t\to 0}\dfrac{1}{t^2}(1-\cos t)(1+\cos t+\cos^2 t)=\lim_{t\to 0}\dfrac{(1-\cos t)(1+\cos t)}{t^2(1+\cos t)}(1+\cos t+\cos^2 t)$$

$$=\lim_{t\to 0}\dfrac{(1-\cos^2 t)}{t^2(1+\cos t)}(1+\cos t+\cos^2 t)=\lim_{t\to 0}\dfrac{\sin^2 t}{t^2(1+\cos t)}(1+\cos t+\cos^2 t)$$

$$=\lim_{t\to 0}\dfrac{\sin^2 t}{t^2}\cdot\dfrac{1+\cos t+\cos^2 t}{1+\cos t}$$

となる。$\displaystyle\lim_{t\to 0}\dfrac{\sin t}{t}=1$ より，$\displaystyle\lim_{t\to 0}\dfrac{\sin^2 t}{t^2}=\lim_{t\to 0}\left(\dfrac{\sin t}{t}\right)^2=1^2=1$ であるから

$$\lim_{t\to 0}\dfrac{\sin^2 t}{t^2}\cdot\dfrac{1+\cos t+\cos^2 t}{1+\cos t}=1\cdot\dfrac{1+1+1}{1+1}=\dfrac{3}{2}$$

である。

（答）　$\dfrac{3}{2}$

> **参考　三角関数の極限**
>
> 以下の形になるように式を変形し，極限を考えるとよい。
>
> $\displaystyle\lim_{x\to 0}\dfrac{\sin x}{x}=1$，　$\displaystyle\lim_{x\to 0}\dfrac{\sin(ax)}{ax}=1$，　$\displaystyle\lim_{x\to 0}\dfrac{\sin(ax)}{x}=\lim_{x\to 0}\dfrac{a\sin(ax)}{ax}=a$

34

第2回 2次：数理技能検定
《問 題》

問題1．（選択）

$0 \leqq \theta < 2\pi$ かつ $\theta \neq \pi$ とします。次の2つの命題はそれぞれ真ですか，偽ですか。真ならばそのことを証明し，偽ならば反例を挙げなさい。 　　　　　　　　　　　（証明技能）

（命題1）　$\sin\theta$ と $\cos\theta$ がともに有理数ならば，$\tan\dfrac{\theta}{2}$ も有理数である。

（命題2）　$\tan\dfrac{\theta}{2}$ が有理数ならば，$\sin\theta$ と $\cos\theta$ はともに有理数である。

問題2．（選択）

A を0でない定数とします。このとき，次のように定められた数列 $\{a_n\}$ の第 n 項を求めなさい。

$a_1 = 1$，$a_2 = 2A$，$a_{n+2} = 2Aa_{n+1} - A^2 a_n$　（$n = 1, 2, 3, \cdots$）　　　　（表現技能）

問題3．（選択）

n を2以上の整数とします。袋の中に，色以外に区別できない赤球と白球が合計 n^2 個入っています。赤球の数は n 個です。

この袋から，中を見ないで n 個の球を同時に取り出すとき，少なくとも1個は赤球が出る確率を p_n とします。これについて，次の問いに答えなさい。

(1) $1-p_n$ を n および階乗記号「！」を用いて表しなさい。ただし，$0!=1$ とします。

(表現技能)

(2) 3つの数 $1-p_n$, $\left(1-\dfrac{1}{n}\right)^n$, $\left(1-\dfrac{n}{n^2-n+1}\right)^n$ の大小を比較しなさい。

(3) $\displaystyle\lim_{n\to\infty} p_n$ を求めなさい。

問題4．（選択）

実数を成分とする2次正方行列 $A=\begin{pmatrix} a & b \\ c & d \end{pmatrix}$ が

$a+d=1$, $ad-bc=0$, $b\neq 0$

を同時に満たすとします。このとき，逆行列をもつ2次正方行列 P で

$P^{-1}AP=\begin{pmatrix} 1 & 0 \\ 0 & 0 \end{pmatrix}$

を満たすものが存在します。このような P の具体例を1つ，A の成分を用いて構成しなさい。

第2回　2次：数理技能検定《問題》

問題5．（選択）

下の図1は，チェス（西洋将棋）の駒の1種であるナイト（騎士）の動き方を示しています。Aの位置にあるナイトは，●のついた8マスのうちのいずれかに動くことができます。ただし，まわりにマスが少ない場合はこの限りではありません。たとえば，Bの位置にあるナイトは，○のついた2マスのうちのどちらかにのみ動くことができます。

図2のような，5×3のマス目に置かれたときの，ナイトの移動経路について考えます。図3は，ナイトがどのマスからどのマスに動けるかを図式化したもので，移動可能なマスどうしが線分（全部で20本あります）で結んであります。これについて，次の問いに答えなさい。

（整理技能）

（1）　図3は線分どうしの交差が多く，このままでは見やすくありません。15個のマスを表すⓐ，ⓑ，…，ⓞの配置を工夫することにより，図3を線分どうしが交差しない形にかき直しなさい。この問題は解法の過程を記述せずに，答えの図だけをかいてください。

（2）　図2のhの位置にあるナイトは，移動経路をうまく選ぶことにより，残り14個のマスすべてを，ちょうど一度ずつ訪れることはできますか。理由をつけて答えなさい。ただし，途中でhに戻ってはいけません。

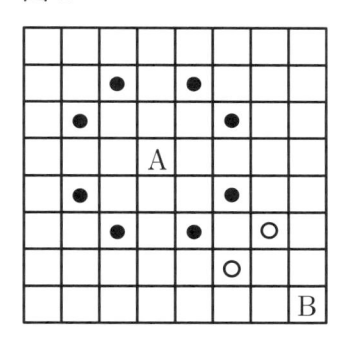

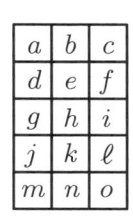

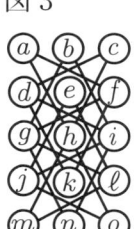

問題6．（必須）

a, b, c, p, q, r を実数の定数とし，$ap \neq 0$ とします。放物線 $y = apx^2 + 2bqx + cr$ が x 軸と共有点をもつならば，2つの放物線 $y = ax^2 + 2bx + c$ と $y = px^2 + 2qx + r$ のうち，少なくとも一方は x 軸と共有点をもつことを示しなさい。　　　　　　　（証明技能）

問題7．（必須）

曲線 $y = \log_e(x-1)$ $(x > 1)$ 上の点 $P(t, \log_e(t-1))$ における接線と y 軸との交点を Q とします。点 P が曲線上を動くとき，線分 PQ の長さの2乗を $f(t)$ として，次の問いに答えなさい。ただし，e は自然対数の底を表します。

（1）　$f(t)$ を t を用いて表しなさい。　　　　　　　　　　　　　　　　　　　（表現技能）

（2）　線分 PQ の長さの最小値を求めなさい。

第2回 2次：数理技能検定 《解答・解説》

問題1.

（命題1）は真である。以下，そのことを示す。

$\sin\theta$，$\cos\theta$ がどちらも有理数，すなわち

$$\sin\theta = \frac{a}{b}, \quad \cos\theta = \frac{c}{d} \quad (a, b, c, d は整数で，bd \neq 0)$$

と表されるならば，三角関数の加法定理より

$$\tan\frac{\theta}{2} = \frac{\sin\frac{\theta}{2}}{\cos\frac{\theta}{2}} = \frac{2\sin\frac{\theta}{2}\cos\frac{\theta}{2}}{2\left(\cos\frac{\theta}{2}\right)^2} = \frac{\sin\theta}{1+\cos\theta} = \frac{\frac{a}{b}}{1+\frac{c}{d}} = \frac{ad}{b(d+c)}$$

である。$\theta \neq \pi$ より，$\cos\theta = \frac{c}{d} \neq -1$ であるから，分母は0にならない。

よって，分母，分子はいずれも整数になるので，$\tan\frac{\theta}{2}$ も有理数である。

以上から，（命題1）は真であることが示された。

（命題2）は真である。以下，そのことを示す。

$$1 + \tan^2\frac{\theta}{2} = 1 + \left(\frac{\sin^2\frac{\theta}{2}}{\cos^2\frac{\theta}{2}}\right) = \frac{1}{\cos^2\frac{\theta}{2}}$$

よって，$\cos^2\frac{\theta}{2} = \frac{1}{1+\tan^2\frac{\theta}{2}}$ であるから，2倍角の公式 $\cos 2\theta = 2\cos^2\theta - 1$ より

$$\cos\theta = 2\cos^2\frac{\theta}{2} - 1 = \frac{2}{1+\tan^2\frac{\theta}{2}} - \frac{1+\tan^2\frac{\theta}{2}}{1+\tan^2\frac{\theta}{2}} = \frac{1-\tan^2\frac{\theta}{2}}{1+\tan^2\frac{\theta}{2}} \quad \cdots ①$$

2倍角の公式 $\sin 2\theta = 2\sin\theta\cos\theta$ より

$$\sin\theta = 2\sin\frac{\theta}{2}\cos\frac{\theta}{2} = 2\left(\tan\frac{\theta}{2}\cos\frac{\theta}{2}\right)\cdot\cos\frac{\theta}{2} = 2\tan\frac{\theta}{2}\cos^2\frac{\theta}{2} = \frac{2\tan\frac{\theta}{2}}{1+\tan^2\frac{\theta}{2}} \quad \cdots ②$$

よって，$\tan\frac{\theta}{2} = \frac{p}{q}$（$p$，$q$ は整数，$q \neq 0$）と表されるならば，①，②より

$$\cos\theta = \frac{1-\left(\frac{p}{q}\right)^2}{1+\left(\frac{p}{q}\right)^2} = \frac{q^2-p^2}{q^2+p^2}, \qquad \sin\theta = \frac{2\cdot\frac{p}{q}}{1+\left(\frac{p}{q}\right)^2} = \frac{2pq}{q^2+p^2}$$

q^2-p^2, q^2+p^2, $2pq$ はいずれも整数であるから，$\cos\theta$, $\sin\theta$ はともに有理数である。以上から，（命題2）は真であることが示された。

参考　三角関数の2倍角の公式・半角の公式

三角関数では，以下の公式が頻出である。

2倍角の公式

$$\sin 2\theta = 2\sin\theta\cos\theta \qquad \cos 2\theta = \cos^2\theta - \sin^2\theta = 1-2\sin^2\theta = 2\cos^2\theta - 1$$

$$\tan 2\theta = \frac{2\tan\theta}{1-\tan^2\theta}$$

半角の公式

$$\sin^2\frac{\theta}{2} = \frac{1-\cos\theta}{2} \qquad \cos^2\frac{\theta}{2} = \frac{1+\cos\theta}{2} \qquad \tan^2\frac{\theta}{2} = \frac{1-\cos\theta}{1+\cos\theta}$$

これらの公式は加法定理から導けるようにしておくとよい。

問題2．

漸化式 $a_{n+2} = 2Aa_{n+1} - A^2 a_n$ を変形すると，$a_{n+2} - 2Aa_{n+1} + A^2 a_n = 0$ となる。
特性方程式 $x^2 - 2Ax + A^2 = 0$ を解くと，$x = A$ となるから

$$a_{n+2} - Aa_{n+1} = A(a_{n+1} - Aa_n) \quad (n \geq 1)$$

よって，$\{a_{n+1} - Aa_n\}$ は初項 $a_2 - Aa_1 = 2A - A\cdot 1 = A$，公比 A の等比数列であるから

$$a_{n+1} - Aa_n = A\cdot A^{n-1} = A^n, \text{ すなわち } a_{n+1} - Aa_n = A^n \quad (n \geq 1) \quad \cdots ①$$

となる。$A \neq 0$ より，①の両辺を A^n で割ると

$$\frac{a_{n+1}}{A^n} - \frac{a_n}{A^{n-1}} = 1 \quad (n \geq 1)$$

よって，$\left\{\dfrac{a_n}{A^{n-1}}\right\}$ は，初項 $\dfrac{a_1}{A^0} = 1$，公差 1 の等差数列であるから

$$\frac{a_n}{A^{n-1}} = 1 + (n-1)\cdot 1 = n$$

以上から，$a_n = nA^{n-1}$ $(n \geq 1)$ である。

（答）　$a_n = nA^{n-1}$

別解 漸化式 $a_{n+2}=2Aa_{n+1}-A^2a_n$ と,$a_1=1$,$a_2=2A$ より
$$a_3=2Aa_2-A^2a_1=3A^2 \qquad a_4=2Aa_3-A^2a_2=4A^3 \qquad \cdots\cdots$$
となって,a_n は次のようになることが推定される。
$$a_n=nA^{n-1} \quad \cdots ①$$
これが成り立つことを数学的帰納法で証明する。

[1] $n=1$ のとき,$a_1=1\cdot A^{1-1}=1$
$n=2$ のとき,$a_2=2\cdot A^{2-1}=2A$
となり,①が成り立つ。

[2] $n=k$ のとき,$a_k=kA^{k-1}$
$n=k+1$ のとき,$a_{k+1}=(k+1)A^k$
が成り立つと仮定して,$n=k+2$ のとき,$a_{k+2}=(k+2)A^{k+1}$ $\cdots ②$
を導く。漸化式 $a_{n+2}=2Aa_{n+1}-A^2a_n$ より
$$a_{k+2}=2Aa_{k+1}-A^2a_k=2A(k+1)A^k-A^2kA^{k-1}=(k+2)A^{k+1}$$
であるから,②より,$n=k+2$ のときも成り立つ。

[1],[2]から,すべての自然数 n について①が成り立つので,$a_n=nA^{n-1}$ である。

参考 隣接3項間の漸化式

$a_1=a$,$a_2=b$,$a_{n+2}+pa_{n+1}+qa_n=0$ $(pq\neq 0)$ で定められる数列 $\{a_n\}$ の一般項は,$x^2+px+q=0$(特性方程式)の2つの解を α,β として
$$a_{n+2}-\alpha a_{n+1}=\beta(a_{n+1}-\alpha a_n), \qquad a_{n+2}-\beta a_{n+1}=\alpha(a_{n+1}-\beta a_n)$$
と変形できることを利用して求めることができる。

問題3.

(1) 少なくとも1個は赤球が出る確率が p_n だから,$1-p_n$ は「取り出した n 個がすべて白球になる」という事象の起こる確率である。白球は全部で,(n^2-n) 個あるから,
$$1-p_n=\frac{{}_{n^2-n}\mathrm{C}_n}{{}_{n^2}\mathrm{C}_n}$$
となる。ここで,${}_p\mathrm{C}_q=\dfrac{p!}{q!(p-q)!}$ より
$$1-p_n={}_{n^2-n}\mathrm{C}_n\cdot\frac{1}{{}_{n^2}\mathrm{C}_n}=\frac{(n^2-n)!}{n!(n^2-2n)!}\cdot\frac{n!(n^2-n)!}{(n^2)!}=\frac{\{(n^2-n)!\}^2}{(n^2-2n)!(n^2)!}$$

(答) $1-p_n=\dfrac{\{(n^2-n)!\}^2}{(n^2-2n)!(n^2)!}$

第2回　2次：数理技能検定《解答・解説》

（2）（1）より，$1-p_n=\dfrac{\{(n^2-n)!\}^2}{(n^2-2n)!(n^2)!}=\dfrac{(n^2-n)!}{(n^2-2n)!}\cdot\dfrac{(n^2-n)!}{(n^2)!}$ と考えると

$$\dfrac{(n^2-n)!}{(n^2-2n)!}=\dfrac{(n^2-n)(n^2-n-1)\cdots(n^2-2n+1)(n^2-2n)\cdots\times 1}{(n^2-2n)\cdots\times 1}$$

$$=\underbrace{(n^2-n)(n^2-n-1)\cdots(n^2-2n+1)}_{n\text{個}} \quad \cdots ①$$

$$\dfrac{(n^2-n)!}{(n^2)!}=\dfrac{(n^2-n)(n^2-n-1)\cdots\times 1}{n^2(n^2-1)\cdots(n^2-n+1)(n^2-n)\cdots\times 1}=\dfrac{1}{\underbrace{n^2(n^2-1)\cdots(n^2-n+1)}_{n\text{個}}} \quad \cdots ②$$

①，②より

$$1-p_n=\dfrac{(n^2-n)(n^2-n-1)\cdots(n^2-2n+1)}{n^2(n^2-1)\cdots(n^2-n-1)}$$

$$=\dfrac{(n^2-n)}{n^2}\times\dfrac{(n^2-n-1)}{(n^2-1)}\times\cdots\times\dfrac{(n^2-2n+1)}{(n^2-n-1)}$$

$$=\left(1-\dfrac{n}{n^2}\right)\left(1-\dfrac{n}{n^2-1}\right)\cdots\left(1-\dfrac{n}{n^2-n+1}\right)$$

ここで，$\dfrac{n}{n^2}<\dfrac{n}{n^2-1}<\dfrac{n}{n^2-2}<\cdots<\dfrac{n}{n^2-n+1}$ であるから，$0\leqq k\leqq n-1$ のとき

$$1-\dfrac{n}{n^2-n+1}\leqq 1-\dfrac{n}{n^2-k}\leqq 1-\dfrac{n}{n^2}$$

（等号成立は，左側が $k=n-1$，右側が $k=0$ のとき）

となる。よって，$\left(1-\dfrac{n}{n^2-n+1}\right)^n<1-p_n<\left(1-\dfrac{1}{n}\right)^n$ である。

（答）　$\left(1-\dfrac{n}{n^2-n+1}\right)^n<1-p_n<\left(1-\dfrac{1}{n}\right)^n$

（3）　$t=-\dfrac{1}{n}$ とおくと，$n\to\infty$ のとき，$t\to 0$ であるから，自然対数の底 e を用いて

$$\lim_{n\to\infty}\left(1-\dfrac{1}{n}\right)^n=\lim_{t\to 0}(1+t)^{-\frac{1}{t}}=\lim_{t\to 0}\left\{(1+t)^{\frac{1}{t}}\right\}^{-1}=e^{-1}=\dfrac{1}{e} \quad \cdots ①$$

である。次に，$q_n=\left(1-\dfrac{n}{n^2-n+1}\right)^n$ とおいて，両辺の自然対数をとると

$$\log_e q_n=n\log_e\left(1-\dfrac{n}{n^2-n+1}\right)=\dfrac{n^2}{n^2-n+1}\log_e\left(1-\dfrac{n}{n^2-n+1}\right)^{\frac{n^2-n+1}{n}}$$

$N=\dfrac{n^2-n+1}{n}$ とおくと，真数部分は $\left(1-\dfrac{1}{N}\right)^N$ となる。

$N=n\left(1-\dfrac{1}{n}+\dfrac{1}{n^2}\right)$ より，$n\to\infty$ のとき $N\to\infty$ である。ここで，①より

$$\lim_{n\to\infty}\log_e\left(1-\dfrac{n}{n^2-n+1}\right)^{\frac{n^2-n+1}{n}}=\lim_{N\to\infty}\log_e\left(1-\dfrac{1}{N}\right)^N=\log_e\dfrac{1}{e}=-1 \quad\cdots\text{②}$$

また，$\lim\limits_{n\to\infty}\dfrac{n^2}{n^2-n+1}=\lim\limits_{n\to\infty}\dfrac{1}{1-\dfrac{1}{n}+\dfrac{1}{n^2}}=1$ であるから，②より

$$\lim_{n\to\infty}\log_e q_n=\lim_{n\to\infty}\dfrac{n^2}{n^2-n+1}\log_e\left(1-\dfrac{n}{n^2-n+1}\right)^{\frac{n^2-n+1}{n}}=1\times(-1)=-1$$

よって，$\lim\limits_{n\to\infty}q_n=\dfrac{1}{e}$ $\cdots$③

（2）の不等式と①，③より，はさみうちの原理から，$\lim\limits_{n\to\infty}(1-p_n)=\dfrac{1}{e}$ であるから，

$\lim\limits_{n\to\infty}p_n=1-\dfrac{1}{e}$ である。

（答） $1-\dfrac{1}{e}$ （e は自然対数の底）

参考① 自然対数の底 e（ネイピア数）

$\lim\limits_{h\to 0}(1+h)^{\frac{1}{h}}$ の極限値（2.7182……）を e で表す。これをネイピア数といい，$\log_e x$ を自然対数という。微分法や積分法では，底 e を省略して $\log x$ と表す場合もある。

参考② はさみうちの原理

$\lim\limits_{x\to a}f(x)=\alpha$，$\lim\limits_{x\to a}g(x)=\beta$ とする。$x=a$ の近くでつねに $f(x)\leqq h(x)\leqq g(x)$ かつ $\alpha=\beta$ ならば，$\lim\limits_{x\to h}h(x)=\alpha$ が成り立つ。

問題4．

$a+d=1$，$ad-bc=0$，$b\neq 0$ より，c，d を用いずに行列 A を表すと

$$A=\begin{pmatrix}a & b \\ c & d\end{pmatrix}=\begin{pmatrix}a & b \\ \dfrac{a(1-a)}{b} & 1-a\end{pmatrix}$$

となる。ここで，$B=\begin{pmatrix}1 & 0 \\ 0 & 0\end{pmatrix}$ とおく。もし，$P=\begin{pmatrix}p & q \\ r & s\end{pmatrix}$ （ただし，$ps-qr\neq 0\cdots$①）

第2回　2次：数理技能検定《解答・解説》

が存在して，$P^{-1}AP=B$ を満たすとすると，左側から P をかけて，$PP^{-1}AP=PB$ が成り立つ。つまり，$AP=PB$ となる。このとき

$$AP=\begin{pmatrix} a & b \\ \dfrac{a(1-a)}{b} & 1-a \end{pmatrix}\begin{pmatrix} p & q \\ r & s \end{pmatrix}=\begin{pmatrix} ap+br & aq+bs \\ \dfrac{a(1-a)}{b}p+(1-a)r & \dfrac{a(1-a)}{b}q+(1-a)s \end{pmatrix}$$

$$=\begin{pmatrix} ap+br & aq+bs \\ \dfrac{1-a}{b}(ap+br) & \dfrac{1-a}{b}(aq+bs) \end{pmatrix}$$

$$PB=\begin{pmatrix} p & q \\ r & s \end{pmatrix}\begin{pmatrix} 1 & 0 \\ 0 & 0 \end{pmatrix}=\begin{pmatrix} p & 0 \\ r & 0 \end{pmatrix}$$

が等しくなる。1行めに着目すると

　　　$ap+br=p$　…②　　$aq+bs=0$　…③

が成り立つ必要がある。このとき，②，③が成り立てば，2行めも成り立つことがわかる。②，③より

$$r=\dfrac{(1-a)p}{b}\quad \text{…②}' \qquad s=-\dfrac{aq}{b}\quad \text{…③}'$$

であるから

$$ps-qr=-\dfrac{apq}{b}-\dfrac{(1-a)pq}{b}=-\dfrac{pq}{b}$$

①を満たすためには，$pq\neq 0$ を満たせばよい。$pq\neq 0$ を満たす p，q をとり，これから②′，③′によって r，s を決めれば，①，②，③のすべてが満たされ，$P^{-1}AP=B$ が成り立つ。よって，たとえば $p=q=b$ とすればよい。このとき，$r=1-a$，$s=-a$ となる。

（答）　$P=\begin{pmatrix} b & b \\ 1-a & -a \end{pmatrix}$

|参考| |逆行列|

正方行列 A に対して，A と同じ次数の単位行列を E とするとき，$AX=XA=E$ を満たす正方行列 X が存在するならば，この X を A の逆行列といい，A^{-1} で表す。

とくに，A が2次の正方行列のとき，$A=\begin{pmatrix} a & b \\ c & d \end{pmatrix}$ に対して，次のことが成り立つ。

・$ad-bc\neq 0$ のとき，A は逆行列をもち，$A^{-1}=\dfrac{1}{ad-bc}\begin{pmatrix} d & -b \\ -c & a \end{pmatrix}$

・$ad-bc=0$ のとき，A は逆行列をもたない。

問題5.

（1） まず，h からは4つの移動経路があるので，h を真ん中に配置して四方に線を引き，それぞれのマスを a，c，m，o とする。

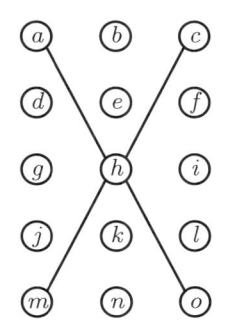

a，c，m，o に到達すると，次に移動できる経路はただ1つに限られる。それらのマスをそれぞれ f，d，l，j とする。

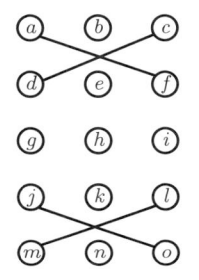

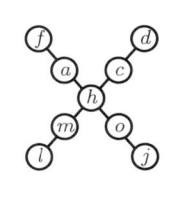

d に着目すると，d は k に進む経路と i に進む経路に分かれる。d が k に進んだときは，次に f にしか進めない。一方，i に進んだときは，b，n，j と進める。対称性を利用して，f，l，j のときも同様に線が引ける。

これらをすべて結ぶと答えとなる。

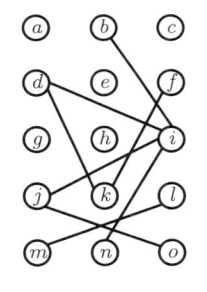

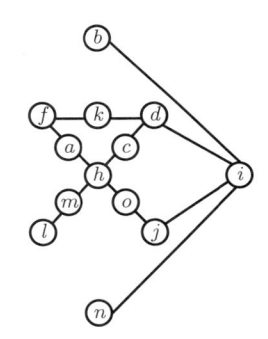

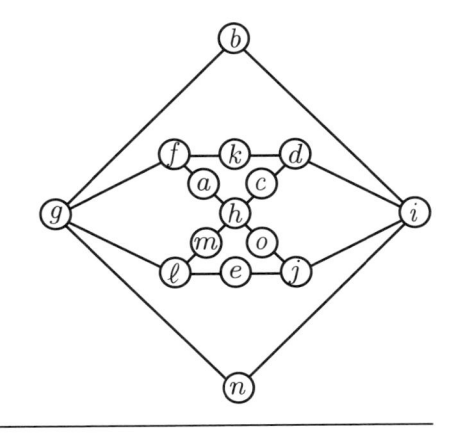

（答の例）

第2回　2次：数理技能検定《解答・解説》

（2）　不可能である。（1）の答えを用いて，以下そのことを示す。

　　図の対称性より，h を出発して c へ進む場合のみ考えれば十分である。
　　一度通ったマスは二度と通れないので，c の次は d に進むしかない。
　　d から先は，次の2通りの場合がある。

① 　$d \rightarrow k \rightarrow f$ と進む場合

　　$f \rightarrow a$ と進めば，それ以上は進めない。
　　$f \rightarrow g$ と進めば，f, h をすでに通っているので，a を通ることができない。
　　よって，いずれの場合も不可能である。

② 　$d \rightarrow i$ と進む場合

　　$i \rightarrow j$ と進めば，外側の b, n のどちらかが残るので不可能である。
　　$i \rightarrow b \rightarrow g$ または，$i \rightarrow n \rightarrow g$ と進めば，内側をまわると外側の n や b が残り，また $g \rightarrow n$, $g \rightarrow b$ と外側を回っても，それ以上進むことはできない。
　　よって，いずれの場合も不可能である。

　　以上から，h を出発して残り14マスをちょうど一度ずつ訪れることは不可能である。

参考　一筆書き

（1）の図に関連する問題として，この図で一筆書きができるかどうかについて考える。
線の端点および線と線の交点のうち，奇数本の線が出ている点を奇点，偶数本の線が出ている点を偶点という。
このとき，図形が一筆書き可能であるための条件は，次のどちらかが成り立つことである。
1．奇点の個数が，ちょうど2個である。
2．偶点だけで構成されている。

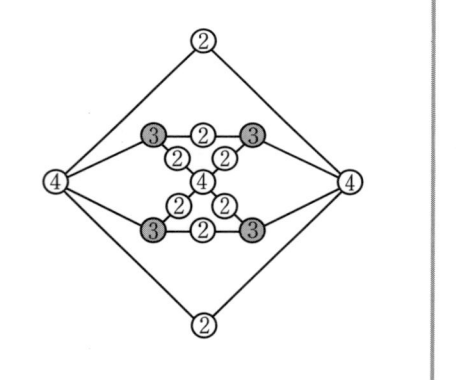

この問題の場合，偶点，奇点などの点はマスであるが，同じ理屈が成り立つ。
右上の図のグレーの部分が奇点，白の部分が偶点である。したがって，奇点が4個あるので，この図は一筆書きできないことが分かる。

問題６．

示すべき命題は

『放物線 $y=apx^2+2bqx+cr$ が x 軸と共有点をもつならば，２つの放物線 $y=ax^2+2bx+c$ と $y=px^2+2qx+r$ のうち，少なくとも一方は x 軸と共有点をもつ』

であるから，その命題の対偶は

『２つの放物線 $y=ax^2+2bx+c$ と $y=px^2+2qx+r$ がともに x 軸と共有点をもたなければ，放物線 $y=apx^2+2bqx+cr$ は x 軸と共有点をもたない』

である。この命題の対偶が真であることを示す。

$$y=ax^2+2bx+c \quad \cdots ①$$
$$y=px^2+2qx+r \quad \cdots ②$$

①と②が x 軸と共有点をもたないとき，ともに $y=0$ としたときの２次方程式の判別式が負になるので，①，②より，下の不等式が成り立つ。

$b^2-ac<0$ から，$0 \leqq b^2 < ac \quad \cdots ①'$
$q^2-pr<0$ から，$0 \leqq q^2 < pr \quad \cdots ②'$

ここで

$$y=apx^2+2bqx+cr \quad \cdots ③$$

に対して，$D=b^2q^2-ap\cdot cr$ とおく。①'，②' より

$$D=b^2q^2-ap\cdot cr < ac\cdot pr - acpr = 0$$

よって，③は $D<0$ となるので，x 軸と共有点をもたない。
命題の対偶が真であるので，命題も真である。

参考 対偶

ある命題「$A \Rightarrow B$」に対して

「$B \Rightarrow A$」を逆　　「$\overline{A} \Rightarrow \overline{B}$」を裏　　「$\overline{B} \Rightarrow \overline{A}$」を対偶

という。ある命題があるとき，その対偶が成り立てば，もとの命題も成り立つ。ある命題が成り立つことを証明するときに，対偶が成り立つことを証明することがある。本問ではその論法を使っている。

〈対偶の例〉

「整数 $n=4$ ならば n は偶数である」$\Rightarrow$「整数 n が奇数ならば $n \neq 4$ である」

「$n^2=36$ ならば $n=\pm 6$ である」$\Rightarrow$「$n \neq \pm 6$ ならば $n^2 \neq 36$ である」

「東京都は関東地方である」$\Rightarrow$「関東地方でないならば東京都でない」

第2回　2次：数理技能検定《解答・解説》

問題7.

（1）　$y=\log_e(x-1)$ より，$y'=\dfrac{1}{x-1}$

よって，点 $P(t, \log_e(t-1))$ における接線の方程式は

$$y=\dfrac{1}{t-1}(x-t)+\log_e(t-1)$$

すなわち

$$y=\dfrac{1}{t-1}x-\dfrac{t}{t-1}+\log_e(t-1)$$

であるから

$$Q\left(0, -\dfrac{t}{t-1}+\log_e(t-1)\right)$$

である。よって

$$f(t)=PQ^2=t^2+\left(\dfrac{t}{t-1}\right)^2 \quad (t>1)$$

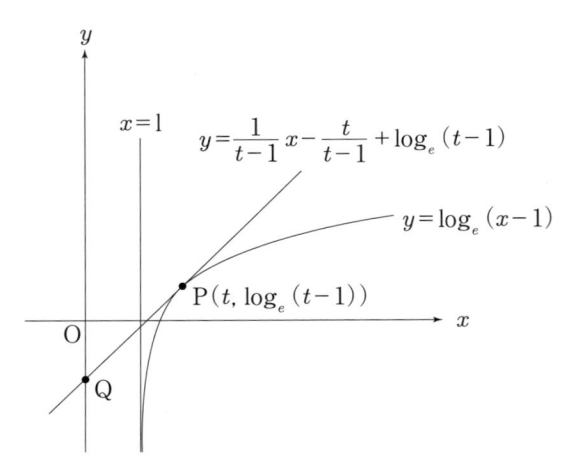

（答）　$f(t)=t^2+\left(\dfrac{t}{t-1}\right)^2$

（2）　（1）より，$f'(t)=2t+2\left(\dfrac{t}{t-1}\right)\left(\dfrac{t}{t-1}\right)'$ で表される。

ここで，$\left(\dfrac{t}{t-1}\right)'=\dfrac{1\cdot(t-1)-t\cdot 1}{(t-1)^2}=-\dfrac{1}{(t-1)^2}$ より

$$f'(t)=2t-\dfrac{2t}{(t-1)^3}=2t\left\{1-\dfrac{1}{(t-1)^3}\right\}=\dfrac{2t}{(t-1)^3}\{(t-1)^3-1\}$$

$$=\dfrac{2t}{(t-1)^3}(t^3-3t^2+3t-2)=\dfrac{2t}{(t-1)^3}(t-2)(t^2-t+1)$$

$t^2-t+1=\left(t-\dfrac{1}{2}\right)^2+\dfrac{3}{4}>0$ であるから，$t>1$ において，$f'(t)=0$ を満たす t の値は

$t=2$ のみであり，$f(t)$ の増減表は右のようになる。よって，$f(t)$ の最小値は

t	1	$\cdots$	2	$\cdots$
$f'(t)$		$-$	0	$+$
$f(t)$		↘	極小	↗

$$f(2)=2^2+\left(\dfrac{2}{2-1}\right)^2=4+4=8$$

であるから，PQ の長さの最小値は，$\sqrt{8}=2\sqrt{2}$ である。

（答）　$2\sqrt{2}$

第 3 回

1次：計算技能検定《問題》 …… 50
1次：計算技能検定《解答・解説》 …… 52
2次：数理技能検定《問題》 …… 58
2次：数理技能検定《解答・解説》 …… 61

実用数学技能検定 準1級 ［完全解説問題集］ 発見

第3回 1次：計算技能検定 《問題》

問題1.

次の等式が x についての恒等式であるとき，定数 a, b, c の値を求めなさい。

$$2x^3 + ax^2 - 12 = (x-2)(2x^2 + bx + c)$$

問題2.

x を実数とします。次の不等式を解きなさい。

$$\log_{\frac{1}{3}}(x^2 - 2x) > -1$$

問題3.

3つの数 $a, \sqrt{3}, a+2$ がこの順で等比数列になるとき，a の値を求めなさい。

問題4.

次の問いに答えなさい。

① 双曲線 $x^2 - 3y^2 = 6$ の焦点の座標を求めなさい。

② 双曲線 $x^2 - 3y^2 = 6$ の漸近線の方程式を求めなさい。

問題５．

次の問いに答えなさい。

① 次の不定積分を求めなさい。

$$\int \sin^2 x \, dx$$

② 次の定積分を求めなさい。

$$\int_{\frac{\pi}{6}}^{\frac{\pi}{4}} \sin^2 x \, dx$$

問題６．

i を虚数単位とします。複素数平面上の点 $2+i$ を，原点Oを中心に $\dfrac{\pi}{3}$ だけ回転した点を表す複素数を求め，$a+bi$（a, b は実数）の形で答えなさい。

問題７．

関数 $f(x)=x^2-2x+1$（$x \leqq 1$）の逆関数 $f^{-1}(x)$ と，$f^{-1}(x)$ の定義域を求めなさい。

第3回 1次：計算技能検定 《解答・解説》

問題1.

$$2x^3 + ax^2 - 12 = (x-2)(2x^2 + bx + c)$$

（右辺）$= 2x^3 + bx^2 + cx - 4x^2 - 2bx - 2c = 2x^3 + (b-4)x^2 + (c-2b)x - 2c$

x についての恒等式であるから，両辺の係数を比較して

$$\begin{cases} a = b - 4 \\ 0 = c - 2b \\ -12 = -2c \end{cases}$$

これを解いて，$a = -1$, $b = 3$, $c = 6$

（答）　$a = -1$, $b = 3$, $c = 6$

別解　$2x^3 + ax^2 - 12 = (x-2)(2x^2 + bx + c)$ …①

①に $x = 2$ を代入して，$16 + 4a - 12 = 0$　　$a = -1$ …②

①に $x = 0$ を代入して，$-12 = -2c$　　$c = 6$ …③

①に $x = 1$ を代入して，$2 + a - 12 = -2 - b - c$

②, ③を代入して，$2 - 1 - 12 = -2 - b - 6$　　$b = 3$

よって，$a = -1$, $b = 3$, $c = 6$

逆にこのとき，すべての実数 x において①が成り立つことを示す。

①の左辺と右辺のそれぞれに $a = -1$, $b = 3$, $c = 6$ を代入すると

　　（左辺）$= 2x^3 - x^2 - 12$

　　（右辺）$= (x-2)(2x^2 + 3x + 6) = 2x^3 + 3x^2 + 6x - 4x^2 - 6x - 12$

　　　　　$= 2x^3 - x^2 - 12$

よって，（左辺）＝（右辺）となり，成り立つ。

参考　恒等式

恒等式とは，式に含まれる文字にどのような値を代入しても両辺の値が等しくなる等式のことである。

恒等式の解法として，係数比較法，数値代入法が知られている。

本問では，本解に係数比較法，別解に数値代入法を用いた。

第3回　1次：計算技能検定《解答・解説》

問題2.

$$\log_{\frac{1}{3}}(x^2-2x) > -1 \quad \cdots (*)$$

真数は正であるから，$x^2-2x>0$　　$x(x-2)>0$　　$x<0$，$2<x$　$\cdots$①

$(*)$ を変形して，$\log_{\frac{1}{3}}(x^2-2x) > \log_{\frac{1}{3}}\left(\frac{1}{3}\right)^{-1}$

底 $\frac{1}{3}$ は1より小さいので

$x^2-2x < \left(\frac{1}{3}\right)^{-1}$　　$x^2-2x<3$　　$(x-3)(x+1)<0$

$-1<x<3$　$\cdots$②

①，②より，$-1<x<0$，$2<x<3$

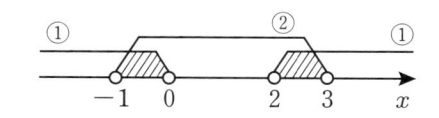

（答）　$-1<x<0$，$2<x<3$

> **参考** 対数の不等式
>
> a を1でない正の定数とするとき，$y=\log_a x$ を a を底とする x の対数関数という。底 a が1より大きいときは単調増加し，底 a が1より小さいときは単調減少する。
>
> 対数の不等式を解くときは，底が1より大きければ不等号の向きはそのままで真数部分の不等式をつくり，底が1より小さければ不等号の向きを逆にして真数部分の不等式をつくる。

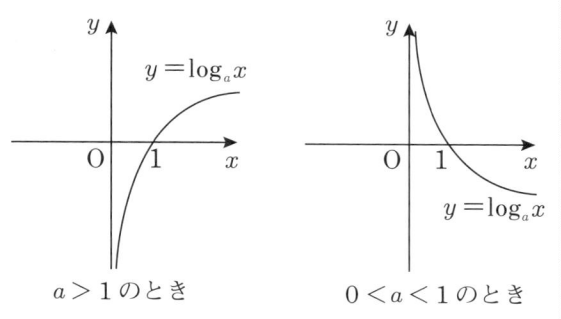

問題3.

a，$\sqrt{3}$，$a+2$ がこの順で等比数列になるので，等比中項の関係より

$(\sqrt{3})^2 = a(a+2)$　　$3 = a^2+2a$　　$(a+3)(a-1)=0$　　$a=-3$，1

（答）　$a=-3$，1

第3回　1次：計算技能検定《解答・解説》

> **参考　等差中項，等比中項**
>
> a, b, c がこの順で等差数列 $\iff 2b = a + c$
>
> a, b, c がこの順で等比数列 $\iff b^2 = ac$

本問において，初項 a，公比 r を使って連立方程式をつくる解法もあるが，r を消去すると本解答と同じ式になる。

問題４．

① $x^2 - 3y^2 = 6$ より，$\dfrac{x^2}{6} - \dfrac{y^2}{2} = 1$

焦点の座標を $F(c, 0)$，$F'(-c, 0)$ $(c > 0)$ とおくと，$c = \sqrt{6+2} = 2\sqrt{2}$ であるから

$F(2\sqrt{2}, 0)$，$F'(-2\sqrt{2}, 0)$

（答）　$(2\sqrt{2}, 0)$，$(-2\sqrt{2}, 0)$

② $\dfrac{x^2}{(\sqrt{6})^2} - \dfrac{y^2}{(\sqrt{2})^2} = 1$ より，漸近線の方程式は

$y = \pm \dfrac{\sqrt{2}}{\sqrt{6}} x = \pm \dfrac{1}{\sqrt{3}} x = \pm \dfrac{\sqrt{3}}{3} x$

（答）　$y = \pm \dfrac{\sqrt{3}}{3} x$ 　$\left(y = \pm \dfrac{1}{\sqrt{3}} x \text{ も可} \right)$

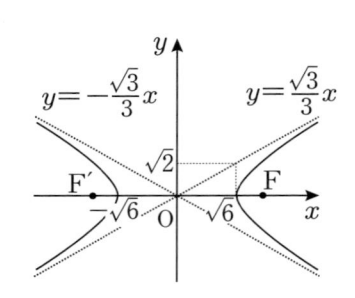

> **参考　双曲線**
>
> 双曲線 $\dfrac{x^2}{a^2} - \dfrac{y^2}{b^2} = 1$ $(a > 0, b > 0)$ の性質
>
> ・中心は原点，頂点は2点 $(a, 0)$，$(-a, 0)$
> ・焦点は2点 $(\sqrt{a^2+b^2}, 0)$，$(-\sqrt{a^2+b^2}, 0)$
> ・双曲線は x 軸，y 軸，原点に関して対称
> ・双曲線上の点から2つの焦点までの距離の差は $2a$
> ・漸近線は2直線 $y = \pm \dfrac{b}{a} x$

第3回　1次：計算技能検定《解答・解説》

問題5.

① $\displaystyle\int \sin^2 x\, dx = \int \frac{1-\cos 2x}{2}\, dx = \frac{1}{2}\int (1-\cos 2x)\, dx = \frac{1}{2}\left(x - \frac{1}{2}\sin 2x\right) + C$

$\displaystyle = \frac{1}{2}x - \frac{1}{4}\sin 2x + C$ （C は積分定数）

(答)　$\displaystyle \frac{1}{2}x - \frac{1}{4}\sin 2x + C$ （C は積分定数）

② ①より

$\displaystyle\int_{\frac{\pi}{6}}^{\frac{\pi}{4}} \sin^2 x\, dx = \left[\frac{1}{2}x - \frac{1}{4}\sin 2x\right]_{\frac{\pi}{6}}^{\frac{\pi}{4}} = \left(\frac{1}{2}\cdot\frac{\pi}{4} - \frac{1}{4}\sin 2\cdot\frac{\pi}{4}\right) - \left(\frac{1}{2}\cdot\frac{\pi}{6} - \frac{1}{4}\sin 2\cdot\frac{\pi}{6}\right)$

$\displaystyle= \frac{\pi}{8} - \frac{1}{4}\sin\frac{\pi}{2} - \frac{\pi}{12} + \frac{1}{4}\sin\frac{\pi}{3} = \frac{\pi}{8} - \frac{1}{4}\cdot 1 - \frac{\pi}{12} + \frac{1}{4}\cdot\frac{\sqrt{3}}{2}$

$\displaystyle= \frac{3\pi}{24} - \frac{1}{4} - \frac{2\pi}{24} + \frac{\sqrt{3}}{8} = \frac{\pi}{24} - \frac{1}{4} + \frac{\sqrt{3}}{8}$

(答)　$\displaystyle \frac{\pi}{24} - \frac{1}{4} + \frac{\sqrt{3}}{8}$

参考①　三角関数の半角の公式

$\displaystyle \sin^2\frac{\theta}{2} = \frac{1-\cos\theta}{2} \qquad \cos^2\frac{\theta}{2} = \frac{1+\cos\theta}{2} \qquad \tan^2\frac{\theta}{2} = \frac{1-\cos\theta}{1+\cos\theta}$

p.23で三角関数の2倍角の公式を紹介したが，$\cos 2\theta = 1 - 2\sin^2\theta$ の式の θ を $\dfrac{\theta}{2}$ に置きかえると，$\sin^2\dfrac{\theta}{2} = \dfrac{1-\cos\theta}{2}$ が導かれる。同様に，$\cos 2\theta = 2\cos^2\theta - 1$ の式の θ を $\dfrac{\theta}{2}$ に置きかえると，$\cos^2\dfrac{\theta}{2} = \dfrac{1+\cos\theta}{2}$ の式が導かれる。

参考②　置換積分法

$x = g(t)$ とおくと，$\dfrac{dx}{dt} = g'(t)$ より，次のように表される。

$\displaystyle \int f(x)\, dx = \int f(g(t))\frac{dx}{dt}\, dt = \int f(g(t))g'(t)\, dt$

参考③ $\sin^n x$, $\cos^n x$ の積分

$\sin^n x$, $\cos^n x$ の積分は，n が偶数か奇数かで解法が異なる。
「偶数乗は半角公式，奇数乗は $\sin x$ か $\cos x$ を1つだけ分けて置換積分法を使う」
と覚えるとよい。
本問では n が偶数だったので，半角の公式を用いた。

参考までに，n が奇数 ($n=3$) のときの積分は，次のようになる。

$$\int \sin^3 x\, dx = \int \sin^2 x \cdot \sin x\, dx = \int (1-\cos^2 x)\sin x\, dx$$

$\cos x = t$ とすると，$-\sin x\, dx = dt$，すなわち $\sin x\, dx = -dt$ となるから

$$\int (1-\cos^2 x)\sin x\, dx = \int (1-t^2)(-dt) = \frac{1}{3}t^3 - t + C = \frac{1}{3}\cos^3 x - \cos x + C$$

問題6.
複素数 z を原点 O を中心に θ 回転した点を表す複素数は，$z(\cos\theta + i\sin\theta)$ であるから，求める複素数は

$$(2+i)\left(\cos\frac{\pi}{3} + i\sin\frac{\pi}{3}\right) = (2+i)\left(\frac{1}{2} + i\cdot\frac{\sqrt{3}}{2}\right) = 1 + \sqrt{3}i + \frac{1}{2}i - \frac{\sqrt{3}}{2} = \frac{2-\sqrt{3}}{2} + \frac{1+2\sqrt{3}}{2}i$$

（答）　$\dfrac{2-\sqrt{3}}{2} + \dfrac{1+2\sqrt{3}}{2}i$

別解　複素数平面上の点 $2+i$ を xy 平面上で考えると，点 $(2, 1)$ となる。
　　　行列で考えて，求める点を (x, y) とすると

$$\begin{pmatrix} x \\ y \end{pmatrix} = \begin{pmatrix} \cos\frac{\pi}{3} & -\sin\frac{\pi}{3} \\ \sin\frac{\pi}{3} & \cos\frac{\pi}{3} \end{pmatrix}\begin{pmatrix} 2 \\ 1 \end{pmatrix} = \begin{pmatrix} \frac{1}{2} & -\frac{\sqrt{3}}{2} \\ \frac{\sqrt{3}}{2} & \frac{1}{2} \end{pmatrix}\begin{pmatrix} 2 \\ 1 \end{pmatrix} = \begin{pmatrix} \frac{1}{2}\cdot 2 - \frac{\sqrt{3}}{2}\cdot 1 \\ \frac{\sqrt{3}}{2}\cdot 2 + \frac{1}{2}\cdot 1 \end{pmatrix}$$

$$= \begin{pmatrix} 1 - \frac{\sqrt{3}}{2} \\ \sqrt{3} + \frac{1}{2} \end{pmatrix} = \begin{pmatrix} \frac{2-\sqrt{3}}{2} \\ \frac{1+2\sqrt{3}}{2} \end{pmatrix}$$

この点を複素数平面上で考えると，$\dfrac{2-\sqrt{3}}{2} + \dfrac{1+2\sqrt{3}}{2}i$ となる。

> **参考** 原点のまわりの回転移動
>
> 複素数平面上で，原点 O を中心として，複素数 z を表す点を角 θ だけ回転した点を z' としたとき，$z' = z(\cos\theta + i\sin\theta)$ が成り立つ。
>
> 座標平面上で，原点 O を中心として，点 (x, y) を角 θ だけ回転した点を (x', y') としたとき，行列を用いて，$\begin{pmatrix} x' \\ y' \end{pmatrix} = \begin{pmatrix} \cos\theta & -\sin\theta \\ \sin\theta & \cos\theta \end{pmatrix} \begin{pmatrix} x \\ y \end{pmatrix}$ と表される。

問題7.

$y = f(x)$ $(x \leq 1)$ とすると，$y = (x-1)^2$ であるから，
$x \leq 1$ のとき，グラフより $y \geq 0$ である。
$y = (x-1)^2$ より，$\pm\sqrt{y} = x - 1$
$x \leq 1$ であるから，$x - 1 \leq 0$
よって，(右辺)≤ 0 より，(左辺)≤ 0 であるから
$\quad -\sqrt{y} = x - 1 \qquad x = 1 - \sqrt{y}$
x と y を入れかえて，$y = 1 - \sqrt{x}$ $(x \geq 0)$
以上から，$f^{-1}(x) = 1 - \sqrt{x}$ $(x \geq 0)$

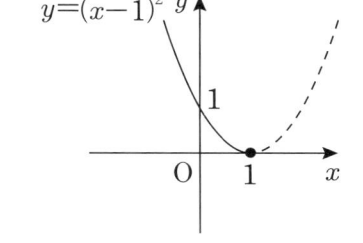

（答）　$f^{-1}(x) = 1 - \sqrt{x}$ $(x \geq 0)$

> **参考** 逆関数
>
> 関数 $y = f(x)$ の逆関数 $y = g(x)$ は次のようにして求める。
> ① 関係式 $y = f(x)$ を変形して，$x = g(y)$ の形にする。
> ② x と y を入れかえて，$y = g(x)$ とする。
> ③ $g(x)$ の定義域は，$f(x)$ の値域と同じにとる。

第3回 2次：数理技能検定 《問題》

問題1．（選択）

$b>a$ とします。xy 平面において，2点 $A(a, 0)$，$B(b, 0)$ からの距離の比が $m:n$ $(m>n>0)$ である点Pの軌跡は円（アポロニウスの円）になることを示し，中心の座標と半径を求めなさい。

問題2．（選択）

a, b を，$a^2+b^2 \neq 0$ を満たす実数とします。このとき，xy 平面において，点 $P(x_1, y_1)$ と $ax+by+c=0$ で表される直線 ℓ の距離 d について，公式 $d=\dfrac{|ax_1+by_1+c|}{\sqrt{a^2+b^2}}$ が成り立ちます。これについて，次の問いに答えなさい。

（1） 直線 ℓ の法線ベクトル $\vec{n}$ を1つ求めなさい。この問題は解法の過程を記述せずに，答えだけを書いてください。

（2） 点Pが直線 ℓ 上の点でないとします。点Pから直線 ℓ に引いた垂線と直線 ℓ との交点をHとするとき，$\overrightarrow{PH} \cdot \vec{n}$ を計算することにより，上の公式を導きなさい。

問題3．（選択）

次の問いに答えなさい。

（1） $h>0$ とし，n を2以上の整数とするとき

$$(1+h)^n > \frac{n(n-1)}{2}h^2$$

が成り立つことを証明しなさい。　　　　　　　　　　　　　　　　　　　　　（証明技能）

（2） $0<x<1$ のとき，（1）の結果を用いて，$\displaystyle\lim_{n\to\infty} nx^n$ を求めなさい。

問題４．（選択）

実数を成分とする２次の正方行列 $A = \begin{pmatrix} a & b \\ c & d \end{pmatrix}$, $X = \begin{pmatrix} x & y \\ z & w \end{pmatrix}$ が

$AX = -XA$

を満たすとき，次の問いに答えなさい。　　　　　　　　　　　　　　　　（証明技能）

(1) $A^2 X = XA^2$ が成り立つことを証明しなさい。
(2) $a + d = 0$ または $AX = O$ であることを証明しなさい。ただし，O は零行列を表します。

問題５．（選択）

ある工場では，その主力製品を完成させるまでに，A，B，C，D，E，F の６つの工程を，順にたどります。それぞれの工程では，１つの製品に対して１個の部品を取り付けます。下の表は，それぞれの工程で，１人が１分当たりに取り付けることのできる部品の個数を表しています。

工　程	A	B	C	D	E	F
１人が１分当たりに取り付けることのできる部品の個数(個)	3	1	2	1	3	2

この工場の従業員数が２０人であるとき，以下の①〜③の条件のもとで，それぞれの工程に，人数を適切に配置することを考えます。

① 途中で人数配置の変更をすることはできない
② 各人の働き始める時間は，そろっていなくてもよい
③ はじめの状態では，取り付けられた部品は１個もない

各人の実労働時間が最大１時間であるとしたとき，完成する製品数の最大値と，そのときの人数配置を答えなさい。　　　　　　　　　　　　　　　　　　　　　　　　（整理技能）

問題6．（必須）

p, q を，$p>q$ を満たす正の整数とします。このとき，xy 平面上の放物線 $y=x^2-px+pq$ と直線 $y=qx$ は異なる2点で交わります。この放物線と直線で囲まれた部分（周も含む）に含まれる点 (a, b) のうち，a, b がともに整数となるような点（格子点）の個数を求め，p, q を用いて表しなさい。　　　　　　　　　　　　　　　　　　　　　　（表現技能）

問題7．（必須）

関数 $f(x)$ が $x=0$ で微分可能で $|h|$ が十分小さいとき，$f(h)$ の値は次の式で近似できることが知られています。

$$f(h) \fallingdotseq f(0)+f'(0)h$$

さらに，$f(x)$ が $x=0$ で n 回微分可能で $|h|$ が十分小さいとき，$f(h)$ の値は次の式で近似できることが知られています。

$$f(h) \fallingdotseq \sum_{k=0}^{n} \frac{f^{(k)}(0)}{k!} h^k = f(0)+f'(0)h+\frac{f''(0)}{2!}h^2+\cdots+\frac{f^{(n)}(0)}{n!}h^n$$

（n 次の近似式）

$$\left(\begin{array}{l}\text{ただし，} f^{(k)}(x) \text{ は } f(x) \text{ の第 } k \text{ 次導関数を表し，} f^{(0)}(x)=f(x) \text{ とする。}\\ \text{また，「} k! \text{」は } k \text{ の階乗を表し，} 0!=1 \text{ と定める。}\end{array}\right)$$

このとき，次の問いに答えなさい。

（1） $f(x)=\cos x$ とします。このとき，$f(x)$ の4次の近似式を求めなさい。　　（表現技能）

（2） （1）の結果を用いて，$\cos 0.5$（0.5 ラジアン $\fallingdotseq 28.6°$）の近似値を求めなさい。
　　　答えは小数第5位を四捨五入して，小数第4位まで求めなさい。

第3回 2次：数理技能検定 《解答・解説》

問題1.

点Pの座標を(x, y)とする。AP:BP$=m:n$より, nAP$=m$BP

n^2AP$^2=m^2$BP^2

$n^2\{(x-a)^2+y^2\}=m^2\{(x-b)^2+y^2\}$

$(m^2-n^2)x^2-2(bm^2-an^2)x+(m^2-n^2)y^2=a^2n^2-b^2m^2$

$x^2-2\cdot\dfrac{bm^2-an^2}{m^2-n^2}x+y^2=\dfrac{a^2n^2-b^2m^2}{m^2-n^2}$

$\left(x-\dfrac{bm^2-an^2}{m^2-n^2}\right)^2+y^2=\dfrac{a^2n^2-b^2m^2}{m^2-n^2}+\left(\dfrac{bm^2-an^2}{m^2-n^2}\right)^2$ …①

①の右辺の分母を$(m^2-n^2)^2$で通分すると，①の右辺の分子は

$(a^2n^2-b^2m^2)(m^2-n^2)+(bm^2-an^2)^2$

$=a^2m^2n^2-a^2n^4-b^2m^4+b^2m^2n^2+b^2m^4-2abm^2n^2+a^2n^4$

$=a^2m^2n^2+b^2m^2n^2-2abm^2n^2$

$=m^2n^2(a^2+b^2-2ab)$

$=\{mn(b-a)\}^2$

よって，①は次のように表される。

$\left(x-\dfrac{bm^2-an^2}{m^2-n^2}\right)^2+y^2=\left\{\dfrac{mn(b-a)}{m^2-n^2}\right\}^2$

以上から，点Pの軌跡は中心$\left(\dfrac{bm^2-an^2}{m^2-n^2},\ 0\right)$，半径$\dfrac{mn(b-a)}{m^2-n^2}$の円である。

（答） 中心$\left(\dfrac{bm^2-an^2}{m^2-n^2},\ 0\right)$，半径$\dfrac{mn(b-a)}{m^2-n^2}$

参考 アポロニウスの円

m, nを正の数とする。2定点A, Bからの距離の比が$m:n$である点の軌跡は，$m=n$ならば，軌跡は線分ABの垂直二等分線となるが，$m\neq n$ならば，線分ABを$m:n$に内分する点と外分する点を直径の両端とする円となる。

この円をアポロニウスの円という。

第3回　2次：数理技能検定《解答・解説》

参考 の考えを用いると，以下のように円の中心と半径を求めることができる。

線分 AB を $m:n$ に内分する点を C，線分 AB を $m:n$ に外分する点を D とすると，

$C\left(\dfrac{na+mb}{m+n},\ 0\right)$，$D\left(\dfrac{-na+mb}{m-n},\ 0\right)$ である。

点 P の軌跡は線分 CD を直径とする円となる。

円の中心の座標は線分 CD の中点であるから

$\left(\dfrac{1}{2}\left(\dfrac{na+mb}{m+n}+\dfrac{-na+mb}{m-n}\right),\ 0\right)$

$=\left(\dfrac{1}{2}\cdot\dfrac{(na+mb)(m-n)+(-na+mb)(m+n)}{(m+n)(m-n)},\ 0\right)$

$=\left(\dfrac{1}{2}\cdot\dfrac{amn-an^2+bm^2-bmn-amn-an^2+bm^2+bmn}{m^2-n^2},\ 0\right)$

$=\left(\dfrac{-2an^2+2bm^2}{2(m^2-n^2)},\ 0\right)=\left(\dfrac{bm^2-an^2}{m^2-n^2},\ 0\right)$

この点を E とすると，円の半径は線分 DE の長さであるから，$b>a$，$m>n>0$ より

$\left|\dfrac{-na+mb}{m-n}-\dfrac{bm^2-an^2}{m^2-n^2}\right|=\left|\dfrac{(-na+mb)(m+n)}{(m-n)(m+n)}-\dfrac{bm^2-an^2}{m^2-n^2}\right|$

$=\left|\dfrac{-amn-an^2+bm^2+bmn}{m^2-n^2}-\dfrac{bm^2-an^2}{m^2-n^2}\right|=\left|\dfrac{-amn+bmn}{m^2-n^2}\right|=\dfrac{mn(b-a)}{m^2-n^2}$

と求めることができる。ただし，本問では点 P の軌跡が円になることを示さなければならないため，この解法は使えないので注意が必要である。

問題2．

（1）　$ab\neq 0$ のとき，$ax+by+c=0$ を変形して，$y=-\dfrac{a}{b}x-\dfrac{c}{b}$

直線 l と垂直な直線の傾きを m とすると

$\left(-\dfrac{a}{b}\right)\cdot m=-1 \quad m=\dfrac{b}{a}$

より，l の法線ベクトルとして $(a,\ b)$ がとれる。

$a=0$ のとき，$(0,\ 1)$，$b=0$ のとき，$(1,\ 0)$ がそれぞれ法線ベクトルとなる。

よって，直線 l の法線ベクトルの1つは

$\vec{n}=(a,\ b)$

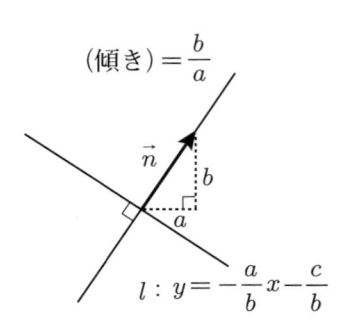

（答）　$\vec{n}=(a,\ b)$

(2) H(x, y)とすると，$\overrightarrow{PH} = (x-x_1, y-y_1)$より

$$\overrightarrow{PH} \cdot \vec{n} = (x-x_1)a + (y-y_1)b$$
$$= -ax_1 - by_1 + ax + by$$

ここで，$ax+by+c=0$より，$ax+by=-c$であるから

$$\overrightarrow{PH} \cdot \vec{n} = -ax_1 - by_1 - c \quad \cdots ①$$

また，$\overrightarrow{PH} \parallel \vec{n}$であるから

$$\overrightarrow{PH} \cdot \vec{n} = |\overrightarrow{PH}||\vec{n}|\cos 0° \text{ または } |\overrightarrow{PH}||\vec{n}|\cos 180°$$
$$= |\overrightarrow{PH}||\vec{n}| \text{ または } -|\overrightarrow{PH}||\vec{n}| \quad \cdots ②$$

よって，①，②より，$-ax_1-by_1-c = \pm|\overrightarrow{PH}||\vec{n}|$　$|ax_1+by_1+c| = |\overrightarrow{PH}||\vec{n}|$

$|\overrightarrow{PH}| = d$，$|\vec{n}| = \sqrt{a^2+b^2}$であるから，$|ax_1+by_1+c| = d\sqrt{a^2+b^2}$

以上から，$d = \dfrac{|ax_1+by_1+c|}{\sqrt{a^2+b^2}}$ が成り立つ。

問題3．

(1) nは2以上の整数であるから，二項定理より

$$(1+h)^n = {}_nC_0 1^n + {}_nC_1 1^{n-1}h^1 + {}_nC_2 1^{n-2}h^2 + \cdots + {}_nC_r 1^{n-r}h^r + \cdots + {}_nC_n h^n$$

$h>0$であるから，右辺の各項は正である。よって

$$(1+h)^n > {}_nC_2 1^{n-2}h^2 = \frac{n(n-1)}{2}h^2$$

(2) $x = \dfrac{1}{1+h}$とすると，$0<x<1$であるから，$h>0$となる。（1）より

$$\left(\frac{1}{1+h}\right)^n < \frac{2}{n(n-1)h^2} \qquad x^n < \frac{2}{n(n-1)h^2} \qquad nx^n < \frac{2}{(n-1)h^2}$$

すなわち，$0 < nx^n < \dfrac{2}{(n-1)h^2}$ であり，$\displaystyle\lim_{n\to\infty}\dfrac{2}{(n-1)h^2} = 0$であるから，はさみうちの原理より，$\displaystyle\lim_{n\to\infty} nx^n = 0$ である。

(答) $\displaystyle\lim_{n\to\infty} nx^n = 0$

第3回 2次：数理技能検定《解答・解説》

> **参考①** 二項定理
> $(a+b)^n = {}_nC_0\, a^n + {}_nC_1\, a^{n-1}b^1 + {}_nC_2\, a^{n-2}b^2 + \cdots + {}_nC_r\, a^{n-r}b^r + \cdots + {}_nC_{n-1}\, a^1 b^{n-1} + {}_nC_n\, b^n$

> **参考②** はさみうちの原理
> 数列 $\{a_n\}$, $\{b_n\}$, $\{c_n\}$ が十分大きな正の整数 n について，$a_n \leq c_n \leq b_n$ を満たしているとき，$\lim_{n\to\infty} a_n = \alpha$, $\lim_{n\to\infty} b_n = \alpha$ （α は定数）ならば，$\lim_{n\to\infty} c_n = \alpha$ である。

問題4．

（1） $AX = -XA$ を使って，左辺を変形すると

$$(左辺) = A^2 X = A(AX) = A(-XA) = -AXA = -(AX)A = -(-XA)A = XA^2$$
$$= (右辺)$$

（2） 単位行列を E とすると，ケーリー・ハミルトンの定理より

$$A^2 - (a+d)A + (ad-bc)E = O$$
$$A^2 = (a+d)A - (ad-bc)E \quad \cdots ①$$

（1）より，$A^2 X = X A^2$ であり，これに①を代入して

$$\{(a+d)A - (ad-bc)E\}X = X\{(a+d)A - (ad-bc)E\}$$
$$(a+d)AX - (ad-bc)X = (a+d)XA - (ad-bc)X$$
$$(a+d)AX = (a+d)XA$$
$$(a+d)AX - (a+d)XA = O$$
$$(a+d)(AX - XA) = O$$
$$(a+d)(AX + AX) = O$$
$$2(a+d)AX = O$$

よって，$a+d=0$ または $AX=O$ が成り立つ。

> **参考** ケーリー・ハミルトンの定理
> 2次の正方行列 $A = \begin{pmatrix} a & b \\ c & d \end{pmatrix}$ に対して，$A^2 - (a+d)A + (ad-bc)E = O$ が成り立つ。

問題５．

右の表のような人数配置をとると，最も効率よく1分で6個，すなわち1時間で360個の製品を完成することができる。

工程	A	B	C	D	E	F
人数（人）	2	6	3	6	2	3

しかし，このとき従業員は22人必要である。ここから2人減らすとき，1人が1分当たりに取り付けることのできる部品の個数が少ないBとDの工程から1人ずつ減らすのが，最も効率のよいやり方である。このときの人数配置は，下の表のとおりである。

このとき，1分間で5個，すなわち1時間で完成する製品数の最大値は300個である。

工程	A	B	C	D	E	F
人数（人）	2	5	3	5	2	3

問題６．

まず，放物線 $y=x^2-px+pq$ と直線 $y=qx$ の交点の x 座標を求める。

$x^2-px+pq=qx$
$x^2-(p+q)x+pq=0$
$(x-p)(x-q)=0$

よって，交点の x 座標は，$x=p$，q であるから，$p>q$ より，位置関係は右の図のようになる。
$k=q$, $q+1$, $q+2$, $\cdots$, p として，$x=k$ 上に格子点が

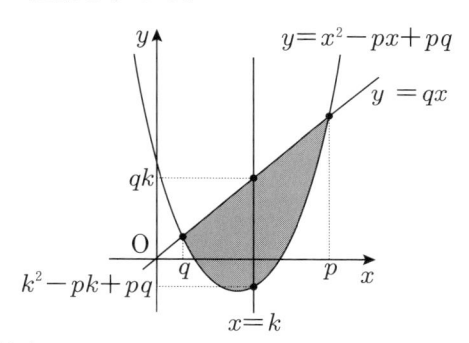

$qk-(k^2-pk+pq)+1=-k^2+(p+q)k-pq+1$ （個）

あるから，求める格子点の個数は

$$\sum_{k=q}^{p}\{-k^2+(p+q)k-pq+1\}$$
$$=\sum_{k=1}^{p}\{-k^2+(p+q)k-pq+1\}-\sum_{k=1}^{q-1}\{-k^2+(p+q)k-pq+1\} \quad \cdots (*)$$

ここで，(*) を次のように分けて計算する。

$$\sum_{k=1}^{p}(-k^2)-\sum_{k=1}^{q-1}(-k^2)=-\sum_{k=1}^{p}k^2+\sum_{k=1}^{q-1}k^2$$
$$=-\frac{1}{6}p(p+1)(2p+1)+\frac{1}{6}(q-1)(q-1+1)\{2(q-1)+1\}$$
$$=\frac{1}{6}\{(q-1)q(2q-1)-p(p+1)(2p+1)\} \quad \cdots ①$$

第3回　2次：数理技能検定《解答・解説》

$$\sum_{k=1}^{p}(p+q)k - \sum_{k=1}^{q-1}(p+q)k = (p+q)\cdot\frac{1}{2}p(p+1) - (p+q)\cdot\frac{1}{2}(q-1)(q-1+1)$$

$$= \frac{1}{2}(p+q)\{p(p+1)-(q-1)q\} = \frac{1}{2}(p+q)(p^2+p-q^2+q)$$

$$= \frac{1}{2}(p+q)\{(p+q)(p-q)+(p+q)\}$$

$$= \frac{1}{2}(p+q)^2(p-q+1) \quad \cdots ②$$

$$\sum_{k=1}^{p}(-pq+1) - \sum_{k=1}^{q-1}(-pq+1) = (-pq+1)p - (-pq+1)(q-1)$$

$$= (-pq+1)(p-q+1) \quad \cdots ③$$

ここで，①の{　}内を計算する。

$(q-1)q(2q-1) - p(p+1)(2p+1)$
$= -2p^3 - 3p^2 - p + 2q^3 - 3q^2 + q$
$= 2(q^3-p^3) - 3(q^2+p^2) + (q-p)$
$= 2\{(q-p)^3 + 3q^2p - 3qp^2\} - 3\{(q-p)^2 + 2qp\} + (q-p)$
$= 2(q-p)^3 + 6q^2p - 6qp^2 - 3(q-p)^2 - 6qp + (q-p)$
$= 2(q-p)^3 - 3(q-p)^2 + (q-p) + 6q^2p - 6qp^2 - 6qp$
$= (q-p)\{2(q-p)^2 - 3(q-p) + 1\} - 6qp(-q+p+1)$
$= (q-p)\{2(q-p)-1\}\{(q-p)-1\} - 6qp(-q+p+1)$
$= (q-p)(2q-2p-1)(q-p-1) - 6qp(p-q+1)$
$= (q-p)(2p-2q+1)(p-q+1) - 6pq(p-q+1)$
$= (p-q+1)\{(q-p)(2p-2q+1) - 6pq\}$
$= (p-q+1)(2pq-2q^2+q-2p^2+2pq-p-6pq)$
$= (p-q+1)(-2pq-2q^2+q-2p^2-p)$

よって，求める格子点の個数（＊）は，①＋②＋③より共通因数$(p-q+1)$をくくり出して

$$(p-q+1)\left\{\frac{1}{6}(-2pq-2q^2+q-2p^2-p) + \frac{1}{2}(p+q)^2 + (-pq+1)\right\}$$

$$= \frac{1}{6}(p-q+1)\{(-2pq-2q^2+q-2p^2-p) + 3(p+q)^2 + 6(-pq+1)\}$$

$$= \frac{1}{6}(p-q+1)(-2pq-2q^2+q-2p^2-p+3p^2+6pq+3q^2-6pq+6)$$

$$= \frac{1}{6}(p-q+1)(p^2+q^2-2pq-p+q+6)$$

（答） $\dfrac{1}{6}(p-q+1)(p^2+q^2-2pq-p+q+6)$

参考①　累乗の和の公式

次の和の公式は覚えておくこと。

$$\sum_{k=1}^{n} k = \frac{1}{2}n(n+1) \qquad \sum_{k=1}^{n} k^2 = \frac{1}{6}n(n+1)(2n+1) \qquad \sum_{k=1}^{n} k^3 = \left\{\frac{1}{2}n(n+1)\right\}^2$$

a が定数のとき，$\sum_{k=1}^{n} a = a\sum_{k=1}^{n} 1 = an$ であることに注意すること。

参考②　組立除法

解説中の②，③で共通因数 $(p-q+1)$ が現れることから，①にも $(p-q+1)$ の形が現れるかもしれないと思った場合は，次のように組立除法を使うと便利である。

q を定数として，①の｛　｝内を展開した多項式 $-2p^3-3p^2-p+2q^3-3q^2+q$ を $p-q+1$ で割ったときの商と余りは，商が $-2p^2+(-2q-1)p-2q^2+q$ で，余りが 0 である。

$q-1$	-2	-3	-1	$2q^3-3q^2+q$
$+)$		$-2q+2$	$-2q^2+q+1$	$-2q^3+3q^2-q$
		$\times(q-1)$	$\times(q-1)$	$\times(q-1)$
	-2	$-2q-1$	$-2q^2+q$	0

つまり，割り切れるので，次のように因数分解ができる。

$$-2p^3-3p^2-p+2q^3-3q^2+q = (p-q+1)\{-2p^2+(-2q-1)p-2q^2+q\}$$
$$= (p-q+1)(-2p^2-2q^2-2pq-p+q)$$

問題7．

（1）　$f(x)=\cos x$ より，$f(0)=1$

　　　$f'(x)=-\sin x$，$f'(0)=0$

　　　$f''(x)=-\cos x$，$f''(0)=-1$

　　　$f'''(x)=\sin x$，$f'''(0)=0$

　　　$f^{(4)}(x)=\cos x$，$f^{(4)}(0)=1$

よって

$$f(x) ≒ f(0) + f'(0)x + \frac{f''(0)}{2!}x^2 + \frac{f'''(0)}{3!}x^3 + \frac{f^{(4)}(0)}{4!}x^4$$

$$= 1 + 0 \cdot x + \frac{-1}{2!}x^2 + \frac{0}{3!}x^3 + \frac{1}{4!}x^4$$

$$= 1 - \frac{1}{2}x^2 + \frac{1}{24}x^4$$

以上から，$f(x)$ の 4 次の近似式は，$f(x) ≒ 1 - \frac{1}{2}x^2 + \frac{1}{24}x^4$ である。

（答）　$f(x) ≒ 1 - \frac{1}{2}x^2 + \frac{1}{24}x^4$

（2）　$\cos 0.5 = f(0.5)$

$$≒ 1 - \frac{1}{2} \cdot (0.5)^2 + \frac{1}{24} \cdot (0.5)^4$$

$$= 1 - 0.125 + 0.00260\cdots$$

$$= 0.87760\cdots$$

よって，$\cos 0.5 ≒ 0.8776$ である。

（答）　$\cos 0.5 ≒ 0.8776$

参考　テーラー展開

e^x，$\cos x$，$\sin x$ などの関数は，次の例のように無限級数で表すことができる。

$$e^x = 1 + x + \frac{x^2}{2!} + \frac{x^3}{3!} + \cdots\cdots + \frac{x^n}{n!} + \cdots\cdots$$

$$\cos x = 1 - \frac{x^2}{2!} + \frac{x^4}{4!} - \frac{x^6}{6!} + \cdots\cdots$$

$$\sin x = x - \frac{x^3}{3!} + \frac{x^5}{5!} - \frac{x^7}{7!} + \cdots\cdots$$

右辺の級数を左辺の関数のテーラー展開という。本問の(1)は，$\cos x$ をテーラー展開した式を上記の第 3 項で止めた形である。

第 4 回

1次：計算技能検定《問題》　……　70
1次：計算技能検定《解答・解説》　……　72
2次：数理技能検定《問題》　……　79
2次：数理技能検定《解答・解説》　……　83

第4回 1次：計算技能検定 《問題》

問題1．

4次方程式 $x^4 - 3x^2 + 1 = 0$ を満たす実数 x をすべて求め，二重根号や「$\pm$」の記号を用いずに答えなさい。

問題2．

xy 平面上の3点 $A(2, 0)$，$B(-1, 1)$，$C(-1, 3)$ を通る円の方程式を求めなさい。

問題3．

第5項が7，第9項が21の等差数列について，初項から第 n 項までの和を求めなさい。

問題4．

i を虚数単位とします。$z_1 = -3 + i$，$z_2 = 1 - 2i$ とするとき，次の問いに答えなさい。

① 複素数 $\dfrac{z_1}{z_2}$ の偏角 θ を求めなさい。ただし，$0 \leqq \theta < 2\pi$ とします。

② $\left(\dfrac{z_1}{z_2}\right)^n$ が正の実数となるような，最小の正の整数 n を求めなさい。

問題５．

次の問いに答えなさい。ただし，e は自然対数の底を表します。

① 次の不定積分を求めなさい。

$$\int \frac{e^{-\tan x}}{\cos^2 x}\,dx$$

② 次の定積分を求めなさい。

$$\int_0^{\frac{\pi}{4}} \frac{e^{-\tan x}}{\cos^2 x}\,dx$$

問題６．

xy 平面上の２点 $(1,\ 0)$，$(-1,\ 0)$ を焦点とし，短軸の長さが $2\sqrt{2}$ である楕円の方程式を求めなさい。

問題７．

次の極限値を求めなさい。

$$\lim_{x \to 0} \frac{\sin(2\sin x)}{3x}$$

第4回 1次：計算技能検定 《解答・解説》

問題1.

$$(\text{左辺}) = (x^4 - 2x^2 + 1) - x^2 \quad \cdots ①$$
$$= (x^2 - 1)^2 - x^2 = \{(x^2 - 1) + x\}\{(x^2 - 1) - x\} \quad \cdots ②$$
$$= (x^2 + x - 1)(x^2 - x - 1) = \left\{\left(x + \frac{1}{2}\right)^2 - \frac{1}{4} - 1\right\}\left\{\left(x - \frac{1}{2}\right)^2 - \frac{1}{4} - 1\right\}$$
$$= \left\{\left(x + \frac{1}{2}\right)^2 - \frac{5}{4}\right\}\left\{\left(x - \frac{1}{2}\right)^2 - \frac{5}{4}\right\}$$
$$= \left(x + \frac{1}{2} + \frac{\sqrt{5}}{2}\right)\left(x + \frac{1}{2} - \frac{\sqrt{5}}{2}\right)\left(x - \frac{1}{2} + \frac{\sqrt{5}}{2}\right)\left(x - \frac{1}{2} - \frac{\sqrt{5}}{2}\right) \quad \cdots ③$$

よって，（左辺）=0 の解は，次のようになる。

$$x = -\frac{1}{2} - \frac{\sqrt{5}}{2},\quad -\frac{1}{2} + \frac{\sqrt{5}}{2},\quad \frac{1}{2} - \frac{\sqrt{5}}{2},\quad \frac{1}{2} + \frac{\sqrt{5}}{2}$$

（答） $x = -\dfrac{1}{2} - \dfrac{\sqrt{5}}{2},\ -\dfrac{1}{2} + \dfrac{\sqrt{5}}{2},\ \dfrac{1}{2} - \dfrac{\sqrt{5}}{2},\ \dfrac{1}{2} + \dfrac{\sqrt{5}}{2}$

別解 $X = x^2$ として，解の公式を利用すると，$X^2 - 3X + 1 = 0$ より

$$X = \frac{3 \pm \sqrt{3^2 - 4 \cdot 1 \cdot 1}}{2 \cdot 1} = \frac{3 \pm \sqrt{5}}{2}$$

よって，$x^2 = \dfrac{3 + \sqrt{5}}{2}$ または $x^2 = \dfrac{3 - \sqrt{5}}{2}$ である。ここで，$\sqrt{\dfrac{3 \pm \sqrt{5}}{2}}$ の2重根号をはずすと

$$\sqrt{\frac{3 \pm \sqrt{5}}{2}} = \sqrt{\frac{6 \pm 2\sqrt{5}}{4}} = \sqrt{\frac{(\sqrt{5} \pm 1)^2}{2^2}} = \frac{\sqrt{5} \pm 1}{2} \quad (\text{複号同順})$$

であるから，$x = \pm\sqrt{\dfrac{3 + \sqrt{5}}{2}} = \pm\dfrac{\sqrt{5} + 1}{2}$ または $x = \pm\sqrt{\dfrac{3 - \sqrt{5}}{2}} = \pm\dfrac{\sqrt{5} - 1}{2}$ （複合同順）となる。

参考① 因数分解の工夫

まず，$A^2 - 2AB + B^2 = (A - B)^2$ が使えるように①の変形をした後に，$C^2 - D^2 = (C + D)(C - D)$ を利用して因数分解②，③を行うのがポイントである。

第4回 1次：計算技能検定《解答・解説》

> **参考②** 2重根号のはずしかた
>
> $a>0$, $b>0$ のとき，$\sqrt{a+b+2\sqrt{ab}} = \sqrt{(\sqrt{a}+\sqrt{b})^2} = |\sqrt{a}+\sqrt{b}| = \sqrt{a}+\sqrt{b}$
>
> $a>b>0$ のとき，$\sqrt{a+b-2\sqrt{ab}} = \sqrt{(\sqrt{a}-\sqrt{b})^2} = |\sqrt{a}-\sqrt{b}| = \sqrt{a}-\sqrt{b}$

本問題の場合，このままでは上の公式が使えない。使えるように式変形をする必要がある。

$$\sqrt{\frac{3-\sqrt{5}}{2}} = \sqrt{\frac{6-2\sqrt{5}}{4}} \quad \left(\begin{array}{l}\text{分子を}\square-2\sqrt{\bigcirc}\text{の形に変形する}\\ \text{ここでは分母と分子をそれぞれ2倍する}\end{array}\right)$$

$$= \frac{1}{2}\sqrt{6-2\sqrt{5}} \quad \left(\begin{array}{l}\text{たして}\square\text{，かけて}\bigcirc\text{になる2つの数を探す}\\ \text{たして6，かけて5になる2つの数は，5と1}\end{array}\right)$$

$$= \frac{1}{2}\sqrt{5+1-2\sqrt{5\cdot 1}} \quad \left(\begin{array}{l}a>b>0\text{のとき，}\sqrt{a+b-2\sqrt{ab}}=\sqrt{a}-\sqrt{b}\\ \text{値が正の数になるようにする}\end{array}\right)$$

$$= \frac{1}{2}\sqrt{(\sqrt{5}-1)^2} = \frac{1}{2}(\sqrt{5}-1)$$

問題2．

求める円の方程式を，$x^2+y^2+lx+my+n=0$ とおく。

これが3点 A(2, 0)，B(−1, 1)，C(−1, 3) を通るから

$$\begin{cases} 4+0+2l+0+n=0 & \cdots ① \\ 1+1-l+m+n=0 & \cdots ② \\ 1+9-l+3m+n=0 & \cdots ③ \end{cases}$$

③ − ② より，$2m+8=0$　　$m=-4$

②に代入して，$-l+n=2$

これと①より，$l=-2$，$n=0$

よって，求める円の方程式は，$x^2+y^2-2x-4y=0$　（$(x-1)^2+(y-2)^2=5$ も可）である。

（答）　$x^2+y^2-2x-4y=0$　（$(x-1)^2+(y-2)^2=5$）

別解　円の中心をPとすると，Pは点B(−1, 1)，点C(−1, 3)を結んだ線分BCの垂直二等分線上にあるから，P(t, 2)とおける。また，点A(2, 0)，点B(−1, 1)は円周上の点であるから，PA＝PB，すなわちPA²＝PB²が成立する。したがって

第4回　1次：計算技能検定《解答・解説》

$$(t-2)^2+(2-0)^2=(t+1)^2+(2-1)^2 \quad t^2-4t+4+4=t^2+2t+1+1$$
$$-4t-2t=2-8 \quad -6t=-6 \quad t=1$$

よって，円の中心Ｐの座標は$(1, 2)$である。

円の半径をrとすると，$r^2=PA^2=(1-2)^2+(2-0)^2=5$であるから，円の方程式は，$(x-1)^2+(y-2)^2=5$となる。

参考　円の性質

（条件Ⅰ）　弦の垂直二等分線は円の中心を通る。
（条件Ⅱ）　円の中心から円周上までの距離は一定（＝半径）である。

別解では最初に（条件Ⅰ）を使って円の中心Ｐを$(t, 2)$とおき，「変数1個の1次式」にすることで，その後の計算を楽にしている。

たとえば，円の性質より中心の座標を(p, q)，半径をrとすると，（条件Ⅱ）から
$$(p-2)^2+(q-0)^2=r^2 \quad (p+1)^2+(q-1)^2=r^2 \quad (p+1)^2+(q-3)^2=r^2$$

となる。この連立方程式を解くことで，p, q, r^2を求め，円の方程式を求めようとすると，「変数3個の2次式」となり，計算が複雑になってしまう。

問題3．

等差数列より，初項をa_1，公差をdとすると，$a_n=a_1+(n-1)d$と表される。よって
$$a_5=a_1+4d=7 \quad \cdots ① \quad a_9=a_1+8d=21 \quad \cdots ②$$

②－①を計算すると
$$8d-4d=21-7 \quad 4d=14 \quad d=\frac{7}{2}$$

これを①に代入してa_1を求める。$a_1+4\cdot\frac{7}{2}=7$より，$a_1=7-14=-7$であるから
$$a_n=-7+\frac{7}{2}(n-1)=\frac{7}{2}n-\frac{21}{2}$$

となる。よって，初項から第nまでの和をS_nとすると
$$S_n=\frac{1}{2}n(a_1+a_n)=\frac{1}{2}n\left(-7+\frac{7}{2}n-\frac{21}{2}\right)=\frac{1}{2}n\left(\frac{7}{2}n-\frac{35}{2}\right)=\frac{7}{4}n(n-5)$$

（答）　$\dfrac{7}{4}n(n-5)$

> **参考** 等差数列の和
>
> 初項 a_1, 公差 d の等差数列 $\{a_n\}$ の第 n 項を a_n として, 初項から第 n 項までの和を S_n とすると
> $$S_n = a_1 + (a_1+d) + (a_1+2d) + \cdots + (a_n-d) + a_n \quad \cdots\cdots ①$$
> である。この等式の右辺の項の順序を逆にすると
> $$S_n = a_n + (a_n-d) + (a_n-2d) + \cdots + (a_1+d) + a_1 \quad \cdots\cdots ②$$
> となり, この①と②の辺々を加えると
> $$2S_n = \underbrace{(a_1+a_n) + (a_1+a_n) + \cdots + (a_1+a_n) + (a_1+a_n)}_{n個} = n(a_1+a_n)$$
> よって
> $$S_n = \frac{1}{2}n(a_1+a_n)$$
> となる。ここで, $a_n = a_1 + (n-1)d$ であるから, 次のようにも表される。
> $$S_n = \frac{1}{2}n\{a_1 + a_1 + (n-1)d\} = \frac{1}{2}n\{2a_1 + (n-1)d\}$$

問題4.

① $\dfrac{z_1}{z_2} = \dfrac{-3+i}{1-2i} = \dfrac{(-3+i)(1+2i)}{(1-2i)(1+2i)} = \dfrac{-3-6i+i-2}{1+4} = \dfrac{-5-5i}{5} = -1-i = \sqrt{2}\left(-\dfrac{1}{\sqrt{2}} - \dfrac{1}{\sqrt{2}}i\right)$

$= \sqrt{2}\left\{\cos\left(\dfrac{5\pi}{4} + 2k\pi\right) + i\sin\left(\dfrac{5\pi}{4} + 2k\pi\right)\right\}$ (k は整数)

$0 \leq \theta < 2\pi$ であるから, $\theta = \dfrac{5\pi}{4}$

(答) $\theta = \dfrac{5\pi}{4}$

② $\left(\dfrac{z_1}{z_2}\right)^n = (\sqrt{2})^n\left(\cos\dfrac{5\pi}{4} + i\sin\dfrac{5\pi}{4}\right)^n = (\sqrt{2})^n\cos\dfrac{5n}{4}\pi + i(\sqrt{2})^n\sin\dfrac{5n}{4}\pi$

$\left(\dfrac{z_1}{z_2}\right)^n$ は正の実数であるから, 第1項は正の実数, 第2項は0となる。よって, k を整数として $\dfrac{5n}{4}\pi = 2k\pi$, すなわち $\dfrac{5n}{4} = 2k$ であればよく, これを満たす最小の n の値は, $n = 8$ である。

第4回　1次：計算技能検定《解答・解説》

（答）　$n = 8$

参考①　複素数の積と商

0でない2つの複素数 z_1, z_2 が極形式で

$$z_1 = r_1(\cos\theta_1 + i\sin\theta_1), \quad z_2 = r_2(\cos\theta_2 + i\sin\theta_2)$$

と表されるとき，複素数 z_1, z_2 の積や商について，次のことが成り立つ。

積　$z_1 z_2 = r_1 r_2 \{\cos(\theta_1 + \theta_2) + i\sin(\theta_1 + \theta_2)\}$

　　$|z_1 z_2| = |z_1||z_2| = r_1 r_2, \quad \arg(z_1 z_2) = \arg z_1 + \arg z_2$

商　$\dfrac{z_1}{z_2} = \dfrac{r_1}{r_2}\{\cos(\theta_1 - \theta_2) + i\sin(\theta_1 - \theta_2)\}$

　　$\left|\dfrac{z_1}{z_2}\right| = \dfrac{|z_1|}{|z_2|} = \dfrac{r_1}{r_2}, \quad \arg\left(\dfrac{z_1}{z_2}\right) = \arg z_1 - \arg z_2$

参考②　ド・モアブルの定理

任意の整数 n に対して，次の等式が成り立つ。これをド・モアブルの定理という。

$$(\cos\theta + i\sin\theta)^n = \cos n\theta + i\sin n\theta$$

なお，$z = r(\cos\theta + i\sin\theta)$ のとき

$$z^n = r^n(\cos n\theta + i\sin n\theta)$$

である。

問題5.

① $t = \tan x$ とおいて，この両辺を x で微分すると

$$\dfrac{dt}{dx} = \left(\dfrac{\sin x}{\cos x}\right)' = \dfrac{(\sin x)'\cos x - \sin x(\cos x)'}{\cos^2 x} = \dfrac{\cos^2 x + \sin^2 x}{\cos^2 x} = \dfrac{1}{\cos^2 x}$$

したがって

$$\int \dfrac{e^{-\tan x}}{\cos^2 x} dx = \int e^{-\tan x} \cdot \dfrac{1}{\cos^2 x} dx = \int e^{-t} \cdot \dfrac{dt}{dx} dx = \int e^{-t} dt = -e^{-t} + C$$

$$= -e^{-\tan x} + C \quad (C \text{ は積分定数})$$

（答）　$-e^{-\tan x} + C$ （C は積分定数）

② ①の結果を使って
$$\int_0^{\frac{\pi}{4}} \frac{e^{-\tan x}}{\cos^2 x} dx = \left[-e^{-\tan x} \right]_0^{\frac{\pi}{4}} = -e^{-\tan \frac{\pi}{4}} + e^{-\tan 0} = -e^{-1} + e^0 = 1 - \frac{1}{e}$$

（答）　$1 - \dfrac{1}{e}$

参考① 三角関数の微分法

$(\sin x)' = \cos x$　　　$(\cos x)' = -\sin x$　　　$(\tan x)' = \dfrac{1}{\cos^2 x}$

参考② 積・商の微分法

$\{f(x) g(x)\}' = f'(x) g(x) + f(x) g'(x)$　　　$\left\{\dfrac{f(x)}{g(x)}\right\}' = \dfrac{f'(x) g(x) - f(x) g'(x)}{\{g(x)\}^2}$

参考③ 置換積分法

$x = g(t)$とおくと，$\dfrac{dx}{dt} = g'(t)$より，次のように表される。

$$\int f(x) dx = \int f(g(t)) \frac{dx}{dt} dt = \int f(g(t)) g'(t) dt$$

問題６.

2つの焦点$(1, 0)$，$(-1, 0)$がy軸に対称で，かつx軸上にあるから，短軸はy軸上にあり，楕円の方程式は

$\dfrac{x^2}{a^2} + \dfrac{y^2}{b^2} = 1$　$(a > b > 0)$

とおける。題意より，短軸の長さは$2\sqrt{2}$であるから

$2b = 2\sqrt{2}$　より　$b = \sqrt{2}$　…①

一方，焦点の座標はa，bを用いて，$(\sqrt{a^2 - b^2}, 0)$，$(-\sqrt{a^2 - b^2}, 0)$と表されるので

$\sqrt{a^2 - b^2} = 1$　より　$a^2 - b^2 = 1$　…②

①，②から，$a^2 = b^2 + 1 = (\sqrt{2})^2 + 1 = 3$

よって，楕円の方程式は，$\dfrac{x^2}{3} + \dfrac{y^2}{2} = 1$である。

第4回　1次：計算技能検定《解答・解説》

（答）　$\dfrac{x^2}{3}+\dfrac{y^2}{2}=1$

参考　楕円の性質

楕円 $\dfrac{x^2}{a^2}+\dfrac{y^2}{b^2}=1$ $(a>b>0)$ について，次のことが成り立つ。

- 2焦点から楕円上の点までの距離の和は $2a$
- 焦点は $(\sqrt{a^2-b^2},\ 0),\ (-\sqrt{a^2-b^2},\ 0)$
- 長軸の長さは $2a$，短軸の長さは $2b$

本問では，上の楕円の性質を使って解くのが一番近道となる。

問題7．

$$\dfrac{\sin(2\sin x)}{3x}=\dfrac{\sin(2\sin x)}{2\sin x}\cdot\dfrac{2\sin x}{2x}\cdot\dfrac{2x}{3x}=\dfrac{\sin(2\sin x)}{2\sin x}\cdot\dfrac{\sin x}{x}\cdot\dfrac{2}{3}\quad\cdots\text{①}$$

ここで，$x\to 0$ のとき，$\sin x\to 0$ であるから

$$\lim_{x\to 0}\dfrac{\sin(2\sin x)}{2\sin x}=1,\quad \lim_{x\to 0}\dfrac{\sin x}{x}=1$$

である。したがって

$$\lim_{x\to 0}\dfrac{\sin(2\sin x)}{3x}=1\cdot 1\cdot\dfrac{2}{3}=\dfrac{2}{3}$$

である。

（答）　$\dfrac{2}{3}$

参考　三角関数の極限の公式

$$\lim_{x\to 0}\dfrac{\sin x}{x}=1$$

この極限の公式は必ず覚えておくこと。

第4回 2次：数理技能検定 《問題》

問題1．（選択）

3次方程式 $x^3+2x^2+3x+1=0$ の3つの解を α, β, γ とします。このとき

$$\frac{\beta+\gamma-\alpha}{\alpha},\quad \frac{\gamma+\alpha-\beta}{\beta},\quad \frac{\alpha+\beta-\gamma}{\gamma}$$

を3つの解とする x の3次方程式を求め，x^3 の係数を1にした形で答えなさい。

問題2．（選択）

四面体OABCにおいて，辺OBを1：2に内分する点をL，辺ACの中点をM，辺BCを3：1に内分する点をNとします。このとき，$\overrightarrow{OA}=\vec{a}$，$\overrightarrow{OB}=\vec{b}$，$\overrightarrow{OC}=\vec{c}$として，次の問いに答えなさい。

（1） 線分LMを $t:(1-t)$（ただし，$0<t<1$）に内分する点をPとします。このとき，$\overrightarrow{OP}$ を $\vec{a}, \vec{b}, \vec{c}$ を用いて表しなさい。 （表現技能）

（2） 3点L，M，Nを含む平面と辺OAとの交点をQとします。このとき，線分OQと線分QAの長さの比 OQ：QA を求めなさい。

第4回　2次：数理技能検定《問題》

問題3．（選択）

e を自然対数の底とします。関数 $y = xe^x (x \geq -1)$ は，$x \geq -\dfrac{1}{e}(=-0.36\cdots)$ を定義域とする逆関数をもちます（このことを証明する必要はありません）。

この逆関数を $y = W_0(x)$（ランベルトの W 関数といいます）とおくとき，次の問いに答えなさい。

(表現技能)

(1) $t = e^{-2t}$ を満たす実数 $t\,(>0)$ の値は，$W_0(2)$ の有理数倍になります。

$t = kW_0(2)$ を満たす有理数 k の値を求めなさい。

(2) 関数 $y = e^x + x + 1$ は，実数全体を定義域とする逆関数 $y = f(x)$ をもちます。この $f(x)$ を W_0 を用いて表す方法を1つ挙げなさい。

問題4．（選択）

実数を成分とする2次正方行列 $A = \begin{pmatrix} a & b \\ c & d \end{pmatrix}$ が2つの条件

$$a + d = \frac{\sqrt{5} - 1}{2},\ ad - bc = 1$$

を同時に満たすとき，次の問いに答えなさい。ただし，E は単位行列を表します。

(1) $A^4 = pA + qE$ を満たす実数 $p,\ q$ の値を求めなさい。

(2) $A^n = E$ となる正の整数 n の最小値を求めなさい。

問題5．（選択）

下の図1は，単位正方形（1辺の長さが1の正方形）を6個並べた図形です．図1において，点Aから点Bまで，線の上だけを通って移動するときの経路について考えます．ただし，遠回りはしてもかまいませんが，同じ場所（線分どうしの交点も含みます）を2回以上通ってはいけません．

図2，図3，図4，図5は，それぞれ長さが5，7，9，11の経路の例です．図2は最短経路の1つであり，図5は最長経路の1つです．また，図5の経路は，移動の向きを考えずに折れ線としてみると，点対称な図形になっています．

これについて，次の問いに答えなさい．この問題は解法の過程を記述せずに，答えの図だけをかいてください（経路ははっきりとわかるようにかいてください）．　　　　（整理技能）

（1）　長さ7の経路のうち，点対称な折れ線であるものを，下にならって1つ図示しなさい．

（2）　長さ11の経路は，図5で示したもの以外に3通りあります．それらをすべて求め，下にならって図示しなさい．

（3）　長さ9の経路のうち，図4で示したもの以外のものをすべて求め，下にならって図示しなさい．

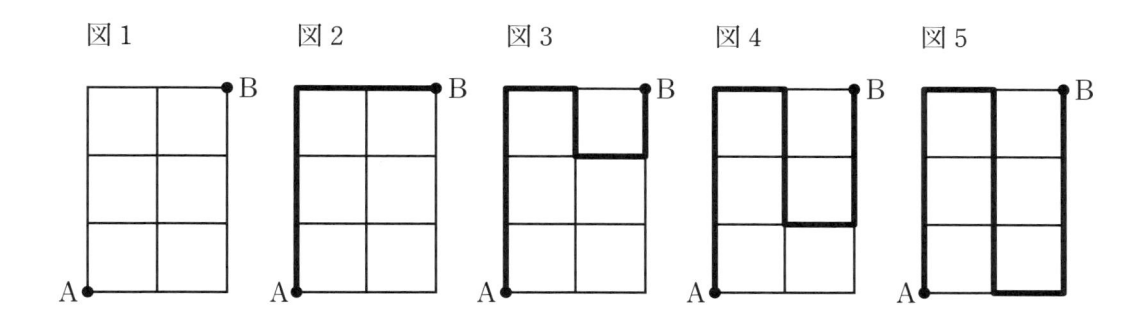

第4回　2次：数理技能検定《問題》

問題6．（必須）

ある化学反応において，時刻 $t\ (\geqq 0)$ における反応物質 A の(適当な意味での)濃度が

$$a \cdot b^{-kt} \quad (a,\ b,\ k は正の定数で，b > 1)$$

と表されるものとします。

この反応において，A の濃度が初期濃度($t=0$ における濃度)の半分となる時刻を $t_{\frac{1}{2}}$，$\frac{1}{10}$ となる時刻を $t_{\frac{1}{10}}$ とおくとき，両者の比の値 $\dfrac{t_{\frac{1}{10}}}{t_{\frac{1}{2}}}$ は $a,\ b,\ k$ のいずれにもよらず，一定の値をとることを示しなさい。

（証明技能）

問題7．（必須）

$p,\ q$ を正の定数とします。xy 平面上に，定点 $(p,\ q)$ を通り，傾きが負である直線 l があり，x 軸，y 軸とそれぞれ点 A，B において交わっています。
直線 l の傾きを $m\ (<0)$，線分 AB の長さの 2 乗を $f(m)$ とするとき，次の問いに答えなさい。

（1）　$f(m)$ を求めなさい。

（2）　線分 AB がもっとも短くなるときの m の値を求めなさい。

第4回 2次：数理技能検定
《解答・解説》

問題1．

$$l=\frac{\beta+\gamma-\alpha}{\alpha}, \quad m=\frac{\gamma+\alpha-\beta}{\beta}, \quad n=\frac{\alpha+\beta-\gamma}{\gamma}$$

とおき，l，m，n を3つの解とする3次方程式を求める。
α，β，γ は，$x^3+2x^2+3x+1=0$ の3つの解であるから，解と係数の関係より

$$\alpha+\beta+\gamma=-2 \quad \cdots ① \qquad \alpha\beta+\beta\gamma+\gamma\alpha=3 \quad \cdots ② \qquad \alpha\beta\gamma=-1 \quad \cdots ③$$

が成り立つ。l，m，n を①を使って変形すると

$$l=\frac{\alpha+\beta+\gamma-2\alpha}{\alpha}=\frac{-2-2\alpha}{\alpha}=-2\left(\frac{1}{\alpha}+1\right)$$

同様にして，$m=-2\left(\dfrac{1}{\beta}+1\right)$，$n=-2\left(\dfrac{1}{\gamma}+1\right)$ が得られる。よって，②，③より

$$l+m+n=-2\left(\frac{1}{\alpha}+\frac{1}{\beta}+\frac{1}{\gamma}+3\right)=-2\left(\frac{\alpha\beta+\beta\gamma+\gamma\alpha}{\alpha\beta\gamma}+3\right)=-2\left(\frac{3}{-1}+3\right)=0 \quad \cdots ④$$

次に lm，mn，nl を求める。

$$lm=(-2)^2\left(\frac{1}{\alpha}+1\right)\left(\frac{1}{\beta}+1\right)=4\cdot\frac{1+\alpha+\beta+\alpha\beta}{\alpha\beta}=\frac{4}{\alpha\beta\gamma}\cdot(\gamma+\gamma\alpha+\gamma\beta+\gamma\alpha\beta)$$

$$mn=(-2)^2\left(\frac{1}{\beta}+1\right)\left(\frac{1}{\gamma}+1\right)=4\cdot\frac{1+\beta+\gamma+\beta\gamma}{\beta\gamma}=\frac{4}{\alpha\beta\gamma}\cdot(\alpha+\alpha\beta+\alpha\gamma+\alpha\beta\gamma)$$

$$nl=(-2)^2\left(\frac{1}{\gamma}+1\right)\left(\frac{1}{\alpha}+1\right)=4\cdot\frac{1+\gamma+\alpha+\gamma\alpha}{\gamma\alpha}=\frac{4}{\alpha\beta\gamma}\cdot(\beta+\beta\gamma+\beta\alpha+\beta\gamma\alpha)$$

であるから

$$lm+mn+nl=\frac{4}{\alpha\beta\gamma}\{(\alpha+\beta+\gamma)+2(\alpha\beta+\beta\gamma+\gamma\alpha)+3\alpha\beta\gamma\}=\frac{4}{-1}\{-2+2\times3+3(-1)\}$$

$$=-4 \quad \cdots ⑤$$

$$lmn=(-2)^3\left(\frac{1}{\alpha}+1\right)\left(\frac{1}{\beta}+1\right)\left(\frac{1}{\gamma}+1\right)=-8\cdot\frac{(1+\alpha)(1+\beta)(1+\gamma)}{\alpha\beta\gamma}$$

$$=-8\cdot\frac{1+\alpha+\beta+\gamma+\alpha\beta+\beta\gamma+\gamma\alpha+\alpha\beta\gamma}{\alpha\beta\gamma}=-8\cdot\frac{1+(-2)+3+(-1)}{-1}$$

$$=8 \quad \cdots ⑥$$

したがって，求める方程式は④，⑤，⑥より，$x^3-4x-8=0$ である。

（答） $x^3-4x-8=0$

第4回　2次：数理技能検定《解答・解説》

> **参考** 3次方程式の解と係数の関係
>
> 3次方程式 $ax^3+bx^2+cx+d=0$ $(a\neq 0)$ の3つの解を α, β, γ とすると
>
> $$\alpha+\beta+\gamma=-\frac{b}{a} \qquad \alpha\beta+\beta\gamma+\gamma\alpha=\frac{c}{a} \qquad \alpha\beta\gamma=-\frac{d}{a}$$
>
> が成り立つ。

本問では3次方程式の解を求めることなく，上の性質を利用することで工夫して解くことができる。$\alpha+\beta+\gamma$, $\alpha\beta+\beta\gamma+\gamma\alpha$, $\alpha\beta\gamma$ の形を作ることがポイントである。

問題2．

（1）　点 L は線分 OB を 1：2，点 M は線分 AC を 1：1 に内分するので，$\overrightarrow{OL}$ と $\overrightarrow{OM}$ は

$$\overrightarrow{OL}=\frac{1}{3}\vec{b}, \qquad \overrightarrow{OM}=\frac{1}{2}\vec{a}+\frac{1}{2}\vec{c}$$

と表される。また，点 P は線分 LM を $t:(1-t)$ に内分するから

$$\overrightarrow{OP}=(1-t)\overrightarrow{OL}+t\overrightarrow{OM}=(1-t)\frac{1}{3}\vec{b}+t\left(\frac{1}{2}\vec{a}+\frac{1}{2}\vec{c}\right)=\frac{t}{2}\vec{a}+\frac{1-t}{3}\vec{b}+\frac{t}{2}\vec{c}$$

（答）　$\overrightarrow{OP}=\dfrac{t}{2}\vec{a}+\dfrac{1-t}{3}\vec{b}+\dfrac{t}{2}\vec{c}$

（2）　点 N は線分 BC を 3：1 に内分するから，$\overrightarrow{ON}$ は

$$\overrightarrow{ON}=\frac{1}{4}\vec{b}+\frac{3}{4}\vec{c}$$

と表される。また，点 Q が平面 LMN 上にあることから，実数 u, v を用いて

$$\overrightarrow{NQ}=u\overrightarrow{NM}+v\overrightarrow{NL}$$

すなわち

$$\overrightarrow{OQ}=(1-u-v)\overrightarrow{ON}+u\overrightarrow{OM}+v\overrightarrow{OL}$$

と表される。よって

$$\overrightarrow{OQ}=(1-u-v)\left(\frac{1}{4}\vec{b}+\frac{3}{4}\vec{c}\right)+u\left(\frac{1}{2}\vec{a}+\frac{1}{2}\vec{c}\right)+v\cdot\frac{1}{3}\vec{b}$$

$$=\frac{1}{2}u\vec{a}+\left(\frac{1}{4}-\frac{1}{4}u-\frac{1}{4}v+\frac{1}{3}v\right)\vec{b}+\left(\frac{3}{4}-\frac{3}{4}u-\frac{3}{4}v+\frac{1}{2}u\right)\vec{c}$$

84

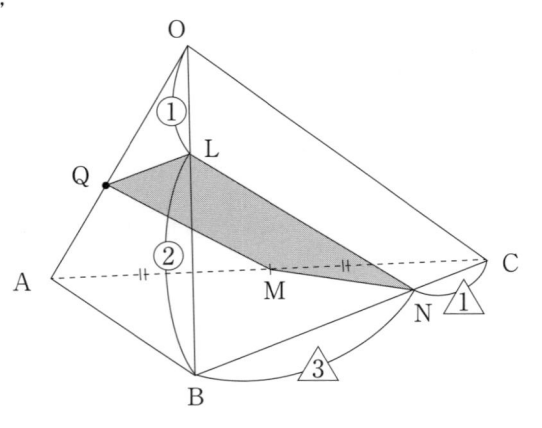

第4回 2次：数理技能検定《解答・解説》

$$=\frac{1}{2}u\vec{a}+\frac{1}{12}(3-3u+v)\vec{b}+\frac{1}{4}(3-u-3v)\vec{c} \quad \cdots ①$$

一方，点 Q が直線 OA 上にあることから

$$\vec{OQ}=w\vec{OA}=w\vec{a} \quad （w は実数） \quad \cdots ②$$

$\vec{a}, \vec{b}, \vec{c}$ はいずれも $\vec{0}$ ではなく，どの 2 つのベクトルも平行ではない(1 次独立)から，①，②より

$$3-3u+v=0 \quad かつ \quad 3-u-3v=0$$

これを連立して解くと，$u=\frac{6}{5}$, $v=\frac{3}{5}$ であるから，①より

$$\vec{OQ}=\frac{1}{2}\cdot\frac{6}{5}\vec{a}=\frac{3}{5}\vec{a} \quad よって，OQ:QA=3:2$$

(答) OQ：QA＝3：2

別解 OQ：QA＝k：$(1-k)$ （$0<k<1$）とおくと，$\vec{OQ}=k\vec{a}$

4 点 Q，L，M，N は同一平面上にあるから，直線 QN と直線 LM は 1 点で交わる。この交点を R とし，LR：RM＝r：$(1-r)$ （$0<r<1$）とおくと，（1）の結果より

$$\vec{OR}=\frac{r}{2}\vec{a}+(1-r)\frac{1}{3}\vec{b}+\frac{r}{2}\vec{c} \quad \cdots ①$$

一方，QR：RN＝s：$(1-s)$ （$0<s<1$）とおくと，$\vec{ON}=\frac{1}{4}\vec{b}+\frac{3}{4}\vec{c}$ より

$$\vec{OR}=s\vec{ON}+(1-s)\vec{OQ}=(1-s)k\vec{a}+\frac{s}{4}\vec{b}+\frac{3s}{4}\vec{c} \quad \cdots ②$$

$\vec{a}, \vec{b}, \vec{c}$ は 1 次独立であるから，①，②より

$$\frac{r}{2}=(1-s)k \quad \cdots ③ \qquad \frac{1-r}{3}=\frac{s}{4} \quad \cdots ④ \qquad \frac{r}{2}=\frac{3s}{4} \quad \cdots ⑤$$

④×3＋⑤×2 より，$1=\frac{9s}{4}$ $\quad s=\frac{4}{9}$

⑤に代入して，$r=\frac{2}{3}$

これらを③に代入して，$k=\frac{r}{2(1-s)}=\frac{3}{5}$

よって，OQ：QA＝$\frac{3}{5}:\frac{2}{5}=3:2$ である。

第4回　2次：数理技能検定《解答・解説》

参考①　ベクトルの1次独立性

一般に，空間の $\vec{0}$ でない3つのベクトル $\vec{a}, \vec{b}, \vec{c}$ が同一平面上にないとき，$\vec{a}, \vec{b}, \vec{c}$ は1次独立であるといい，次の性質が成り立つ。

(i)　$s\vec{a} + t\vec{b} + u\vec{c} = \vec{0} \iff s = t = u = 0$

(ii)　$s\vec{a} + t\vec{b} + u\vec{c} = s'\vec{a} + t'\vec{b} + u'\vec{c} \iff s = s'$ かつ $t = t'$ かつ $u = u'$

空間のベクトルは，$\vec{a}, \vec{b}, \vec{c}$ を使ってただ1通りに表される。

参考②　ベクトルの表現

ベクトルの問題を解く鍵は

　　文章表現（内分，直線上など）　$\iff$　ベクトル表現

が容易に変換（言い換え）ができるかどうかである。

　点Nは線分BCを3：1に内分する　$\iff$　$\overrightarrow{ON} = \dfrac{1}{4}\overrightarrow{OB} + \dfrac{3}{4}\overrightarrow{OC}$

　直線OA上に点Rがある　$\iff$　$\overrightarrow{OR} = k\overrightarrow{OA}$（$k$ は実数）
　　　　　　　　　　　　　　　　　（$\overrightarrow{OB}$ と $\overrightarrow{OC}$ の係数はともに0）

このような文章表現とベクトルの言い換えが自在に出来るようになることが重要である。

問題3．

(1)　$y = xe^x$ の逆関数が，$y = W_0(x)$ と表されることから，次の関係が成り立つ。

　　$y = W_0(x) \iff x = ye^y$　…①

一方，$t = e^{-2t}$ を変形して，$2 = (2t)e^{2t}$ が成り立つ。

ここで，$y = W_0(x)$ の x を2，y を $2t$ に置き換えると，$2t = W_0(2)$ より，$t = \dfrac{1}{2}W_0(2)$

よって，$t = kW_0(2)$ であるから，$k = \dfrac{1}{2}$ である。

（答）　$k = \dfrac{1}{2}$

（2） $y=e^x+x+1$ の逆関数は，$y=f(x)$ の形で表される。また，$x=e^y+y+1$ が成り立つ。これを変形して，$(x-y-1)e^{-y}=1$

両辺に e^{x-1} をかけて，$(x-y-1)e^{x-y-1}=e^{x-1}$

①より，$ye^y=x$ ならば $y=W_0(x)$ が成立するから，$(x-y-1)e^{x-y-1}=e^{x-1}$ より，$(x-y-1)=W_0(e^{x-1})$ が導かれる。よって，$y=x-W_0(e^{x-1})-1$，すなわち

$$f(x)=x-W_0(e^{x-1})-1$$

と表される。

（解答例）　$f(x)=x-W_0(e^{x-1})-1$

参考　ランベルトのW関数

$x=e^y+y+1$ を「$y=$」の形にするには2か所に散らばる y を1か所にまとめなければならない。その観点で $W_0(x)$ を見てみると

$(△)e^△=□$ ならば，$△=W_0(□)$

つまり，$W_0(x)$ とは，散らばる△を1か所にまとめる道具なのである。
したがって，$(△)e^△=□$ において，$△=(y と x の式)$　$□=(x だけの式)$ となるように変形すればよいことになる。これをもとに，もう一度計算の流れを見てみよう。

$x=e^y+y+1$　　$x-y-1=e^y$　　$(x-y-1)e^{-y}=1$

両辺に e^{x-1} をかけて，$(x-y-1)e^{x-y-1}=e^{x-1}$　　$((△)e^△ の形をつくった)$

よって，$(x-y-1)=W_0(e^{x-1})$　　$((△)e^△=□ ならば △=W_0(□) なので)$

「$y=$」の形にして，$y=x-W_0(e^{x-1})-1$

やみくもに計算しているのでなく，目的を持って $(△)e^△$ の形をつくり，$W_0(x)$ を使っているのが理解できただろうか。

問題4．

（1）　ケーリー・ハミルトンの定理 $A^2-(a+d)A+(ad-bc)E=O$ より，$A^2=\dfrac{\sqrt{5}-1}{2}A-E$

が成り立つ。ここで，$a+d=\dfrac{\sqrt{5}-1}{2}=\alpha$ とおくと

$$A^2=\alpha A-E \quad \cdots ①$$

第4回　2次：数理技能検定《解答・解説》

と表される。また、αにおいて
$$2\alpha+1=\sqrt{5} \quad (2\alpha+1)^2=5 \quad 4\alpha^2+4\alpha+1=5$$
よって、$\alpha^2=1-\alpha$ …②

$$\begin{aligned}
A^4&=(\alpha A-E)^2=\alpha^2 A^2-2\alpha A+E \quad \text{（①を利用してAの次数を下げる）}\\
&=\alpha^2(\alpha A-E)-2\alpha A+E=\alpha^3 A-\alpha^2 E-2\alpha A+E\\
&=(\alpha^3-2\alpha)A+(1-\alpha^2)E\\
&=\{\alpha(1-\alpha)-2\alpha\}A+\{1-(1-\alpha)\}E \quad \text{（②を利用してαの次数を下げる）}\\
&=(-\alpha-\alpha^2)A+\alpha E=-A+\alpha E \quad \text{…③}
\end{aligned}$$

ここで、$A^4=pA+qE$であるから③より、$-A+\alpha E=pA+qE$

よって、$(p+1)A=(\alpha-q)E$ …④

④について、行列Aの係数が0かどうかで場合分けをする。

ⅰ) $p+1=0$のとき、④より$\alpha-q=0$であるから
$$p=-1, \quad q=\alpha=\frac{\sqrt{5}-1}{2}$$

ⅱ) $p+1\neq 0$のとき、④の両辺を$p+1$で割ると
$$A=\frac{\alpha-q}{p+1}E=\beta E=\begin{pmatrix}\beta & 0\\ 0 & \beta\end{pmatrix} \quad \left(\beta=\frac{\alpha-q}{p+1}\right)$$

とおくことができる。したがって、$A=\begin{pmatrix}a & b\\ c & d\end{pmatrix}=\begin{pmatrix}\beta & 0\\ 0 & \beta\end{pmatrix}$となるから

$$a+d=\beta+\beta=2\beta=\frac{\sqrt{5}-1}{2}, \text{ すなわち } \beta=\frac{\sqrt{5}-1}{4}$$

となりβは無理数となる。ところが、$ad-bc=\beta^2-0=\beta^2=1$より、$\beta=\pm 1$、すなわち$\beta$は整数となり、矛盾する。

以上から、$A\neq\beta E$であり、$p+1\neq 0$の場合、解は存在しない。

（答）　$p=-1 \quad q=\dfrac{\sqrt{5}-1}{2}$

---

(2) $n=1$のとき、すなわち$A=E$が成り立つとすると、$A\neq\beta E$より矛盾する。

$n=2$のとき、すなわち$A^2=E$が成り立つとすると
$$A^2=\alpha A-E=E \quad \alpha A=2E \quad \alpha\neq 0 \text{より、} A=\frac{2}{\alpha}E$$

第4回　2次：数理技能検定《解答・解説》

よって，$A \neq \beta E$ より矛盾する。

$n=3$ のとき，すなわち $A^3 = E$ が成り立つとすると

$$A^3 = A^2 A = (\alpha A - E)A = \alpha A^2 - A = \alpha(\alpha A - E) - A = (\alpha^2 - 1)A - \alpha E = -\alpha A - \alpha E$$

より，$-\alpha A - \alpha E = E$　　$\alpha A = -(\alpha + 1)E$　　$\alpha \neq 0$ より，$A = -\dfrac{\alpha + 1}{\alpha}E$

よって，$A \neq \beta E$ より矛盾する。

$n=4$ のとき，(1) の結果より $A = E$ を満たさない。

$n=5$ のとき

$$A^5 = (-A + \alpha E)A = -A^2 + \alpha A = -(\alpha A - E) + \alpha A = E$$

よって，$A^n = E$ を満たす最小の n の値は，$n=5$ である。

（答）　$n=5$

参考　ケーリー・ハミルトンの定理

2次の正方行列 $A = \begin{pmatrix} a & b \\ c & d \end{pmatrix}$ について，$A^2 - (a+d)A + (ad-bc)E = O$ が成り立つ。

ただし，$A^2 - pA + qE = O$ が成り立つからといって，$a+d=p$，$ad-bc=q$ が成り立つとは限らないので注意が必要である。

このとき，$pA - qE = (a+d)A - (ad-bc)E$ すなわち，$(p-a-d)A = (q-ad+bc)E$ であるが，$A \neq \alpha E$（α は実数）であれば，$p-a-d=0$ かつ $q-ad+bc=0$ が成り立つ。

だが，$A=\alpha E$ のときは，$\alpha(p-a-d)E = (q-ad+bc)E$ で，$\alpha(p-a-d) = q-ad+bc$ が成り立ち，条件が変わるのである。

問題5.

(1) 点対称な折れ線なので必ず右の図の中央部分 a‐b 間を通ることになる。通り方は上向きと下向きの2通りを考えればよい。

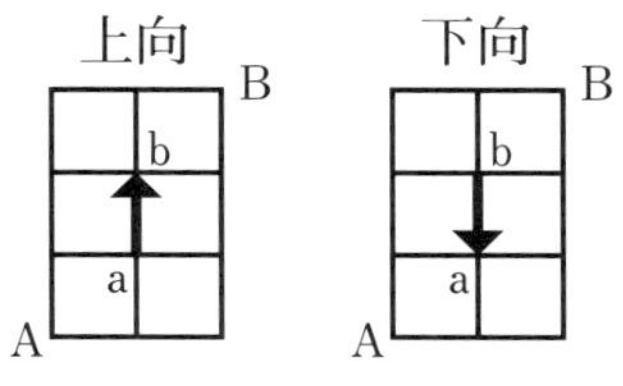

ⅰ) 上向きの場合

上向きの場合，経路は A→a→b→B となる。点対称で経路の長さが7となるのは 3+1+3=7 の場合しかないので，経路（A→a）が3となる必要があるが，図より経路（A→a）は2か4の場合しかないので題意を満たさない。

第4回　2次：数理技能検定《解答・解説》

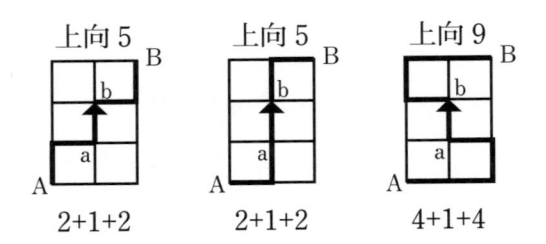

上向5　　　上向5　　　上向9
2+1+2　　2+1+2　　4+1+4

ⅱ）下向きの場合，経路はA→b→a→Bとなる。点対称A→b，a→Bの経路は，右の図の3通りであり，それぞれの経路の長さは7，11，11となる。したがって，左の長さ7の経路が題意を満たす。

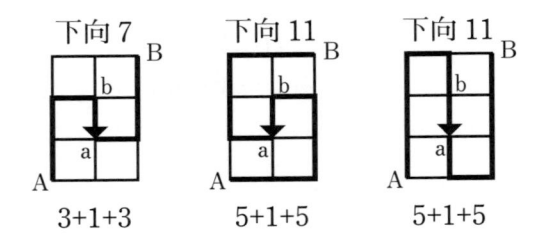

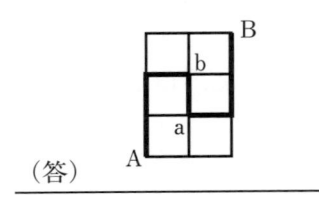

下向7　　　下向11　　　下向11
3+1+3　　5+1+5　　5+1+5

（答）

（2）AからBへの経路のうち，下の図でスタートはA→c，A→dの2通りある。また，ゴールもe→Bとf→Bの2通りあり，スタートとゴールだけに注目した場合，4通り考えられる。

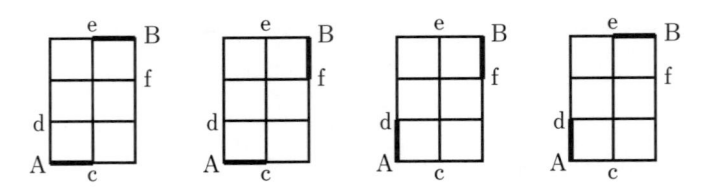

（ⅰ）A→c，e→Bの経路のうち，長さが11となるのは，図アの1通りである。

（ⅱ）A→c，f→Bの経路のうち，長さが11となるのは，図イの1通りである。

（ⅲ）A→d，f→Bの経路のうち，長さが11となるのは，図ウの1通りであるが，これは問題の図5と同じであり，解ではない。

（ⅳ）A→d，e→Bの経路のうち，長さが11となるのは，図エの1通りである。

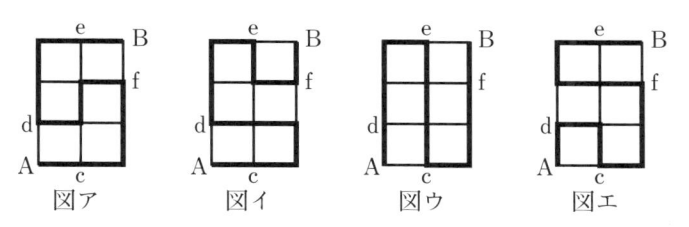

第4回　2次：数理技能検定《解答・解説》

図ア　図イ　図ウ　図エ

したがって，答えは以下の3通りとなる。

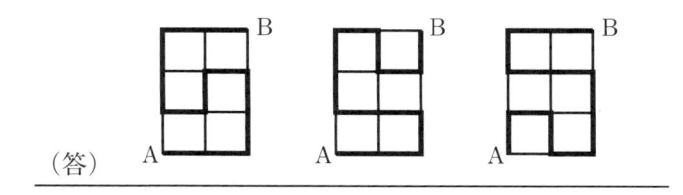

（答）

(3) (2)と同様に次の場合分けを行う。
 (i) A→c, e→Bの経路のうち，長さが9となるのは，次の5通りである。

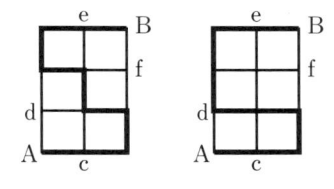

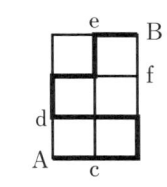

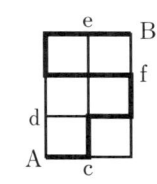

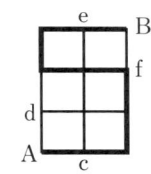

 (ii) A→c, f→Bの経路のうち，長さが9となるのは，右の図の2通りである。

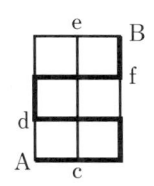

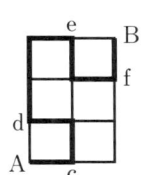

 (iii) A→d, e→Bの経路のうち，長さが9となるのは，右の図の2通りである。

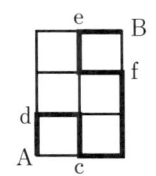

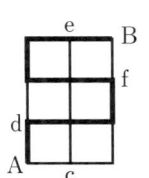

 (iv) A→d, f→Bの経路のうち，長さが9となるのは，右の図の2通りであるが，1つは問題の図4なので，解ではない。

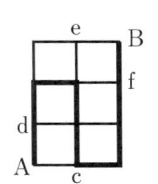

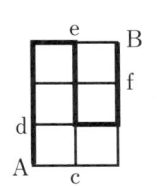

第４回　２次：数理技能検定《解答・解説》

（答）

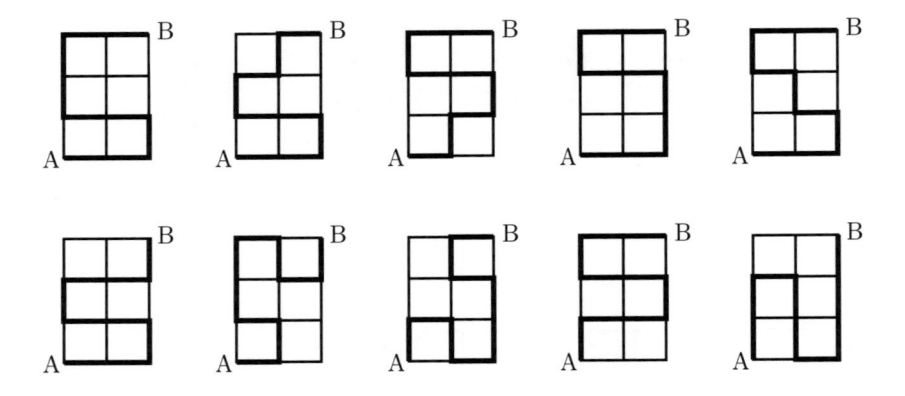

問題６.
時刻 t における濃度を $f(t)=a\cdot b^{-kt}$ とすると
$$f(0)=a\cdot b^0=a \quad f(t_{\frac{1}{2}})=a\cdot b^{-kt_{\frac{1}{2}}} \quad f(t_{\frac{1}{10}})=a\cdot b^{-kt_{\frac{1}{10}}}$$
と表される。したがって，題意より

$$\frac{f(t_{\frac{1}{10}})}{f(0)}=\frac{a\cdot b^{-kt_{\frac{1}{10}}}}{a}=b^{-kt_{\frac{1}{10}}}=\frac{1}{10} \quad \cdots ①$$

$$\frac{f(t_{\frac{1}{2}})}{f(0)}=\frac{a\cdot b^{-kt_{\frac{1}{2}}}}{a}=b^{-kt_{\frac{1}{2}}}=\frac{1}{2} \quad \cdots ②$$

となる。①，②のそれぞれについて，底を２とした対数をとると

$$-kt_{\frac{1}{10}}\log_2 b=\log_2\frac{1}{10} \quad \cdots ③$$

$$-kt_{\frac{1}{2}}\log_2 b=\log_2\frac{1}{2} \quad \cdots ④$$

③÷④より

$$\frac{-kt_{\frac{1}{10}}\log_2 b}{-kt_{\frac{1}{2}}\log_2 b}=\frac{-\log_2 10}{-\log_2 2}$$

よって，$\dfrac{t_{\frac{1}{10}}}{t_{\frac{1}{2}}}=\log_2 10$ となり，一定である。

> **参考** 濃度と時間の式の一般化
>
> 問題では濃度が $\frac{1}{2}$ になる時間 $t_{\frac{1}{2}}$ と濃度が $\frac{1}{10}$ になる時間 $t_{\frac{1}{10}}$ が登場したが，たとえば，$\frac{1}{p}$ と $\frac{1}{x}$ になる時間がわかったとしても同様の計算をすることができる。結果は
>
> $$\frac{t_{\frac{1}{x}}}{t_{\frac{1}{p}}} = \log_p x \quad \text{すなわち} \quad t_{\frac{1}{x}} = t_{\frac{1}{p}} \log_p x$$
>
> つまり，濃度が $\frac{1}{p}$ となるのに $t_{\frac{1}{p}}$ だけ時間がかかったことがわかれば，任意の濃度 $\frac{1}{x}$ になる時間 $t_{\frac{1}{x}}$ は，$t_{\frac{1}{x}} = t_{\frac{1}{p}} \log_p x$ として簡単に求める事ができる。

問題7.

（1）点 (p, q) を通り傾き m の直線 l の方程式は，$y - q = m(x - p)$ と表される。

直線 l と x 軸との交点 A は $\left(\dfrac{pm - q}{m}, 0\right)$，$y$ 軸との交点 B は $(0, q - pm)$ であるから

$$f(m) = \left(\frac{pm - q}{m}\right)^2 + (q - pm)^2 = \frac{1}{m^2}(pm - q)^2 + (pm - q)^2$$

$$= \left(\frac{1}{m^2} + 1\right)(pm - q)^2$$

（答） $f(m) = \left(\dfrac{1}{m^2} + 1\right)(pm - q)^2$

（2）$f(m)$ の導関数を求めると

$$f'(m) = -2 \cdot \frac{1}{m^3}(pm - q)^2 + \left(\frac{1}{m^2} + 1\right) \cdot 2p(pm - q)$$

$$= 2 \cdot \frac{1}{m^3}(pm - q)(-pm + q + pm + pm^3)$$

$$= \frac{2}{m^3}(pm - q)(pm^3 + q)$$

ここで，$p > 0$，$q > 0$，$m < 0$ であるから，つねに $\dfrac{2}{m^3}(pm - q) > 0$ となり，この部分は導関数の正負に関係しない。そこで，$g(m) = pm^3 + q$ $(p > 0,\ q > 0,\ m < 0)$ とおいて関数 $g(m)$ の増減を調べる。

$g'(m) = 3pm^2 > 0$ であるから，$g(m)$ は単調増加関数である。

第4回 2次：数理技能検定《解答・解説》

$g(m)=0$ を解くと，$m=-\sqrt[3]{\dfrac{q}{p}}$ であり，$m<-\sqrt[3]{\dfrac{q}{p}}$ のとき，$g(m)<0$ で，$m>-\sqrt[3]{\dfrac{q}{p}}$ のとき，$g(m)>0$ となる。

よって，$f(m)$ の増減表は以下のようになる。

m	$\cdots$	$-\sqrt[3]{\dfrac{q}{p}}$	$\cdots$	0
$f'(m)$	$-$	0	$+$	
$f(m)$	↘	極小	↗	

増減表より，$m=-\sqrt[3]{\dfrac{q}{p}}$ のとき，$f(m)$ は最小値をとり，このとき AB の長さも最小となる。

（答） $m=-\sqrt[3]{\dfrac{q}{p}}$

参考① 線分ABの最小値の考察

実際に線分 AB の最小値を求めようとすると，次の計算をすることになる。

$$f\left(-\sqrt[3]{\dfrac{q}{p}}\right)=\left(\dfrac{1}{\left(-\dfrac{q}{p}\right)^{\frac{2}{3}}}+1\right)\left\{\left(-\dfrac{q}{p}\right)^{\frac{1}{3}}p-q\right\}^2=\left\{\left(\dfrac{p}{q}\right)^{\frac{2}{3}}+1\right\}\left\{q^{\frac{1}{3}}\left(-p^{\frac{2}{3}}-q^{\frac{2}{3}}\right)\right\}^2$$

$$=\left(p^{\frac{2}{3}}+q^{\frac{2}{3}}\right)\left(p^{\frac{2}{3}}+q^{\frac{2}{3}}\right)^2=\left(p^{\frac{2}{3}}+q^{\frac{2}{3}}\right)^3$$

ここで線分 AB の長さの最小値を r とすると，$f(m)=r^2=\left(p^{\frac{2}{3}}+q^{\frac{2}{3}}\right)^3$

この両辺を $\dfrac{1}{3}$ 乗すると

$$r^{\frac{2}{3}}=p^{\frac{2}{3}}+q^{\frac{2}{3}}$$

という美しい形の式が現れる。

参考② 積・商の微分法

$$\{f(x)g(x)\}'=f'(x)g(x)+f(x)g'(x) \qquad \left\{\dfrac{f(x)}{g(x)}\right\}'=\dfrac{f'(x)g(x)-f(x)g'(x)}{\{g(x)\}^2}$$

第 5 回

1次：計算技能検定《問題》　　　……　96
1次：計算技能検定《解答・解説》　……　98
2次：数理技能検定《問題》　　　……　103
2次：数理技能検定《解答・解説》　……　106

実用数学技能検定 準1級［完全解説問題集］　発見

第5回 1次：計算技能検定 《問題》

問題1．

2次方程式 $x^2+3x+5=0$ の2つの複素数解を α,β とします。このとき，$\dfrac{\beta}{\alpha+1}$，$\dfrac{\alpha}{\beta+1}$ を2解とする x の2次方程式で，x^2 の係数が1のものを求めなさい。

問題2．

次の方程式を解きなさい。

$$\log_2 x + \log_4(x-1) = 1 + \log_4 x$$

問題3．

次の和を求めなさい。

$$\sum_{k=1}^{12} \frac{1}{(2k-1)(2k+1)}$$

問題4．

$z=1-i$ とするとき，次の問いに答えなさい。ただし，i は虚数単位を表します。

① z の偏角 θ を求めなさい。ただし，$-\pi \leqq \theta < \pi$ とします。

② z^7 を求め，$a+bi$（a,b は実数）の形で答えなさい。

問題5．

次の問いに答えなさい。ただし，e は自然対数の底を表します。

① 次の不定積分を求めなさい。

$$\int \frac{(\log_e x)^2}{x} dx$$

② 次の定積分を求めなさい。

$$\int_1^{e^3} \frac{(\log_e x)^2}{x} dx$$

問題6．

次の極限値を求めなさい。

$$\lim_{x \to 0} \frac{x \sin x}{1 - \cos 3x}$$

問題7．

2点 $\mathrm{F}(0, 3)$，$\mathrm{F}'(0, -3)$ を焦点とし，2焦点からの距離の和が8である xy 平面上の楕円の方程式を求めなさい。

第5回 1次：計算技能検定 《解答・解説》

問題1.

2次方程式 $x^2+3x+5=0$ の2つの複素数解を α, β とすると，解と係数の関係より，$\alpha+\beta=-3, \alpha\beta=5$ であるから

$$\frac{\beta}{\alpha+1}+\frac{\alpha}{\beta+1}=\frac{\beta(\beta+1)+\alpha(\alpha+1)}{(\alpha+1)(\beta+1)}=\frac{\alpha^2+\beta^2+\alpha+\beta}{(\alpha+1)(\beta+1)}=\frac{(\alpha+\beta)^2-2\alpha\beta+\alpha+\beta}{\alpha\beta+\alpha+\beta+1}$$

$$=\frac{(-3)^2-2\cdot 5-3}{5-3+1}=-\frac{4}{3}$$

$$\frac{\beta}{\alpha+1}\cdot\frac{\alpha}{\beta+1}=\frac{\alpha\beta}{\alpha\beta+\alpha+\beta+1}=\frac{5}{5-3+1}=\frac{5}{3}$$

よって，求める2次方程式は，$x^2+\frac{4}{3}x+\frac{5}{3}=0$ である。

（答） $x^2+\frac{4}{3}x+\frac{5}{3}=0$

参考 2次方程式の解と係数の関係

$ax^2+bx+c=0$ の2つの複素数解を α, β とすると，次の関係が成り立つ。

$$\alpha+\beta=-\frac{b}{a}, \quad \alpha\beta=\frac{c}{a}$$

また，2つの複素数解が α, β であるような2次方程式は次のように表される。

$$a(x-\alpha)(x-\beta)=0 \quad \text{または} \quad a\{x^2-(\alpha+\beta)x+\alpha\beta\}=0$$

問題2.

$$\log_2 x + \log_4 (x-1) = 1 + \log_4 x \quad \cdots ①$$

真数条件より，$x-1>0$ かつ $x>0$，すなわち $x>1$ $\cdots ②$

$$\log_4 (x-1)=\frac{\log_2 (x-1)}{\log_2 4}=\frac{\log_2 (x-1)}{2} \qquad \log_4 x=\frac{\log_2 x}{\log_2 4}=\frac{\log_2 x}{2}$$

であるから，①より

$$\log_2 x + \frac{\log_2 (x-1)}{2}=1+\frac{\log_2 x}{2} \qquad 2\log_2 x + \log_2 (x-1) = 2 + \log_2 x$$

$$\log_2 x + \log_2 (x-1) = 2\log_2 2 \qquad \log_2 x(x-1) = \log_2 4$$

以上から，$x(x-1)=4$　　$x^2-x-4=0$　　$x=\dfrac{1\pm\sqrt{17}}{2}$

$\sqrt{17}>4$ であるから，②より，$x=\dfrac{1+\sqrt{17}}{2}$ である。

（答）　$x=\dfrac{1+\sqrt{17}}{2}$

参考 対数の基本公式

・底の条件・真数条件

　$\log_a x$ に対して，　$a>0$ かつ $a\neq 1$（底の条件），　$x>0$（真数条件）が成り立つ。

・対数の基本公式

　$\log_a MN=\log_a M+\log_a N$,　　$\log_a \dfrac{M}{N}=\log_a M-\log_a N$

　$\log_a M^k=k\log_a M$,　　$\log_a b=\dfrac{\log_c b}{\log_c a}$　（底の変換公式）

対数の条件を意識し，対数の公式を使いこなすことが重要である。

問題3．

$$\sum_{k=1}^{12}\dfrac{1}{(2k-1)(2k+1)}=\sum_{k=1}^{12}\dfrac{1}{2}\left(\dfrac{1}{2k-1}-\dfrac{1}{2k+1}\right)=\dfrac{1}{2}\sum_{k=1}^{12}\left(\dfrac{1}{2k-1}-\dfrac{1}{2k+1}\right)$$

$$=\dfrac{1}{2}\left\{\left(1-\dfrac{1}{3}\right)+\left(\dfrac{1}{3}-\dfrac{1}{5}\right)+\left(\dfrac{1}{5}-\dfrac{1}{7}\right)+\cdots+\left(\dfrac{1}{23}-\dfrac{1}{25}\right)\right\}$$

$$=\dfrac{1}{2}\left(1-\dfrac{1}{25}\right)=\dfrac{12}{25}$$

（答）　$\dfrac{12}{25}$

参考 分数式の部分分数分解

$$\dfrac{1}{(x+a)(x+b)}=\dfrac{1}{b-a}\left(\dfrac{1}{x+a}-\dfrac{1}{x+b}\right)$$

部分分数分解から，分数や分数式の和を求めるやり方を覚えておくこと。

第5回　1次：計算技能検定《解答・解説》

問題4．

① $|z|=\sqrt{1^2+(-1)^2}=\sqrt{2}$ より

$$z=\sqrt{2}\left(\frac{1}{\sqrt{2}}-\frac{1}{\sqrt{2}}i\right)=\sqrt{2}\left\{\cos\left(-\frac{\pi}{4}\right)+i\sin\left(-\frac{\pi}{4}\right)\right\}$$

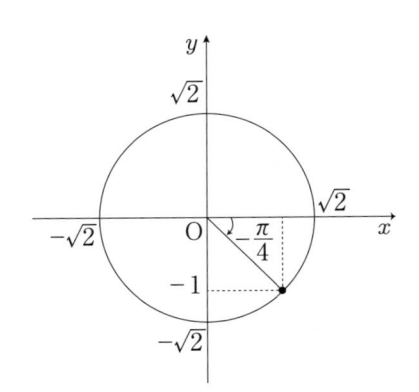

$-\pi \leqq x \leqq \pi$ から，$\theta=-\dfrac{\pi}{4}$

(答)　$\theta=-\dfrac{\pi}{4}$

② ド・モアブルの定理より

$$z^7=(\sqrt{2})^7\left\{\cos\left(-\frac{\pi}{4}\right)+i\sin\left(-\frac{\pi}{4}\right)\right\}^7=8\sqrt{2}\left\{\cos\left(-\frac{7\pi}{4}\right)+i\sin\left(-\frac{7\pi}{4}\right)\right\}$$

$$=8\sqrt{2}\left(\cos\frac{\pi}{4}+i\sin\frac{\pi}{4}\right)=8+8i$$

(答)　$8+8i$

参考①　複素数平面と極形式

$$z=a+bi=\sqrt{a^2+b^2}\left(\frac{a}{\sqrt{a^2+b^2}}+\frac{b}{\sqrt{a^2+b^2}}i\right)=r(\cos\theta+i\sin\theta)$$

$\left(\text{ただし，}r=\sqrt{a^2+b^2},\ \cos\theta=\dfrac{a}{\sqrt{a^2+b^2}},\ \sin\theta=\dfrac{b}{\sqrt{a^2+b^2}}\right)$

参考②　ド・モアブルの定理

任意の整数 n に対して，次の等式が成り立つ。

$$(\cos\theta+i\sin\theta)^n=\cos n\theta+i\sin n\theta$$

なお，$z=r(\cos\theta+i\sin\theta)$ のとき，$z^n=r^n(\cos n\theta+i\sin n\theta)$ である。

問題5．

① $t=\log_e x$ とおくと，$\dfrac{dt}{dx}=\dfrac{1}{x}$ より

$$\int\frac{(\log_e x)^2}{x}dx=\int t^2\frac{dt}{dx}dx=\int t^2\,dt=\frac{1}{3}t^3+C=\frac{1}{3}(\log_e x)^3+C\quad (Cは積分定数)$$

（答）　$\dfrac{1}{3}(\log_e x)^3 + C$　（C は積分定数）

② ①より
$$\int_1^{e^3} \dfrac{(\log_e x)^2}{x} dx = \left[\dfrac{1}{3}(\log_e x)^3\right]_1^{e^3} = \dfrac{1}{3}(\log_e e^3)^3 - \dfrac{1}{3}(\log_e 1)^3 = \dfrac{1}{3}\cdot 3^3 - 0 = 9$$

（答）　9

参考 置換積分法

$x = g(t)$ とおくと，$\dfrac{dx}{dt} = g'(t)$ より，次のように表される。

$$\int f(x)dx = \int f(g(t))\dfrac{dx}{dt}dt = \int f(g(t))g'(t)dt$$

問題6．
$$\lim_{x \to 0} \dfrac{x\sin x}{1-\cos 3x} = \lim_{x \to 0} \dfrac{x\sin x(1+\cos 3x)}{1-\cos^2 3x} = \lim_{x \to 0} \dfrac{x\sin x(1+\cos 3x)}{\sin^2 3x}$$
$$= \lim_{x \to 0} \dfrac{(3x)^2}{\sin^2 3x} \cdot \dfrac{\sin x}{x} \cdot \dfrac{1+\cos 3x}{9} = 1^2 \cdot 1 \cdot \dfrac{1+1}{9} = \dfrac{2}{9}$$

（答）　$\dfrac{2}{9}$

別解　$$\lim_{x \to 0} \dfrac{x\sin x}{1-\cos 3x} = \lim_{x \to 0} \dfrac{x\sin x}{2\sin^2 \dfrac{3}{2}x} = \lim_{x \to 0} \dfrac{1}{2} \cdot \dfrac{\left(\dfrac{3}{2}x\right)^2}{\sin^2 \dfrac{3}{2}x} \cdot \dfrac{4}{9} \cdot \dfrac{\sin x}{x} = \dfrac{1}{2}\cdot 1^2 \cdot \dfrac{4}{9} \cdot 1 = \dfrac{2}{9}$$

参考 極限の公式

$\lim\limits_{\theta \to 0} \dfrac{\sin\theta}{\theta} = 1$ の形に変形していくこと。なお，このとき，$\lim\limits_{\theta \to 0} \dfrac{\theta}{\sin\theta} = \lim\limits_{\theta \to 0} \dfrac{1}{\dfrac{\sin\theta}{\theta}} = \dfrac{1}{1} = 1$

である。また，三角関数の公式 $\sin^2 \dfrac{\theta}{2} = \dfrac{1-\cos\theta}{2}$，$\cos^2 \dfrac{\theta}{2} = \dfrac{1+\cos\theta}{2}$ もしっかりとおさえておくこと。

問題7.

焦点が$(0, 3)$，$(0, -3)$であることから，求める楕円の方程式は次のようにおける。

$$\frac{x^2}{a^2}+\frac{y^2}{b^2}=1 \quad (ただし，0<a<b)$$

ここで焦点より，$\sqrt{b^2-a^2}=3$から，$b^2-a^2=9$ …①

また，2焦点からの距離の和は8であるから，$2b=8 \quad b=4$ …②

②より，$b^2=16$で，これと①より，$a^2=7$

以上から，求める楕円の方程式は，$\dfrac{x^2}{7}+\dfrac{y^2}{16}=1$である。

(答) $\dfrac{x^2}{7}+\dfrac{y^2}{16}=1$

参考　楕円の焦点

楕円$\dfrac{x^2}{a^2}+\dfrac{y^2}{b^2}=1$ $(a>0, b>0, a\neq b)$において，焦点F，F′の座標は次のようになる。

$\begin{cases}（i）\quad a>b のとき \quad F(\sqrt{a^2-b^2}, 0), F'(-\sqrt{a^2-b^2}, 0) \\ （ii）\quad a<b のとき \quad F(0, \sqrt{b^2-a^2}), F'(0, -\sqrt{b^2-a^2})\end{cases}$

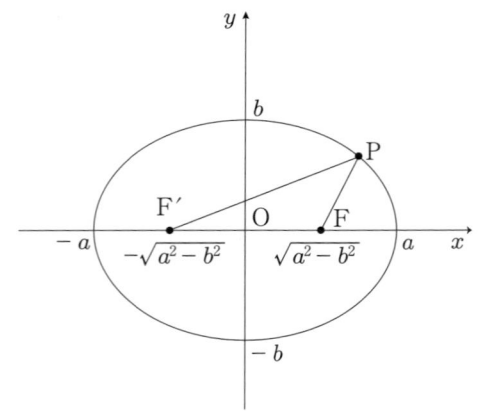

（i）$a>b$のとき　　　　　　　　（ii）$a<b$のとき

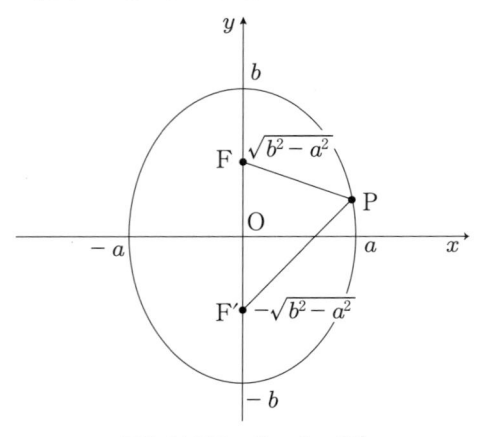

　　　　FP+F′P=$2a$（一定）　　　　　　FP+F′P=$2b$（一定）

楕円の方程式と焦点の位置は，図で把握するとよい。

第5回 2次：数理技能検定
《問題》

問題1．（選択）

実数 x, y は，$x \geq 0$，$y \geq 0$，$x^2 + y^2 \leq 10$ を満たすものとします。このとき，次の問いに答えなさい。

(1) $x + y$ の最大値，最小値，およびそのときの x, y の値を，それぞれ求めなさい。
この問題は解法の過程を記述せずに，答えだけを書いてください。

(2) $x + y = u$, $xy = v$ とします。このとき，点 (u, v) の存在する領域を uv 平面上に図示しなさい。 （表現技能）

問題2．（選択）

$AB = 2$, $AD = 2$, $AE = 3$ である直方体 ABCD-EFGH があります。この直方体の辺 AB の中点を M，対角線 AG と平面 MED との交点を P とします。
$\overrightarrow{AB} = \vec{b}$, $\overrightarrow{AD} = \vec{d}$, $\overrightarrow{AE} = \vec{e}$ とするとき，次の問いに答えなさい。

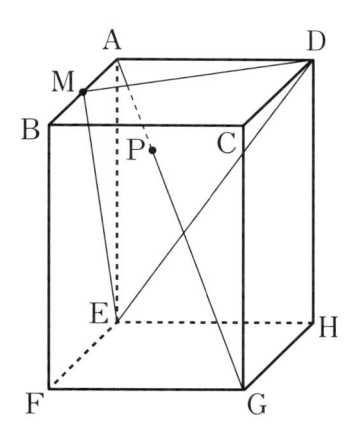

(1) $\overrightarrow{DE}$, $\overrightarrow{DM}$ を，それぞれ $\vec{b}, \vec{d}, \vec{e}$ を用いて表しなさい。
この問題は解法の過程を記述せずに，答えだけを書いてください。 （表現技能）

(2) $|\overrightarrow{AP}|$ を求めなさい。 （測定技能）

第5回　2次：数理技能検定《問題》

問題3．（選択）

a を実数の定数とするとき，xy 平面上の曲線 $y=\sqrt{2x-4}$ および直線 $y=ax+2$ の共有点の個数を調べなさい。

問題4．（選択）

3つの2次正方行列 $A=\begin{pmatrix} 2 & -2 \\ 1 & -1 \end{pmatrix}$，$B=\begin{pmatrix} 1 & -2 \\ 1 & -2 \end{pmatrix}$，および $X=\begin{pmatrix} 7 & -10 \\ 5 & -8 \end{pmatrix}$ があります。これについて，次の問いに答えなさい。

（1）　A^2，B^2，AB，BA をそれぞれ求めなさい。この問題は解法の過程を記述せずに，答えだけを書いてください。

（2）　$X^n = a_n A + b_n B$ を満たす数列 $\{a_n\}$，$\{b_n\}$ の第 n 項をそれぞれ求めなさい。ただし，n は正の整数とします。

問題5．（選択）

下の等式の $A \sim E$ には，それぞれ1以上5以下の整数が入ります。異なる文字には異なる整数が入るものとするとき，A，B，C，D，E に入る整数を，それぞれ求めなさい。

（整理技能）

$$2014 = (17^A - 6^B) \times \frac{C-D}{E}$$

問題6．（必須）

n を2以上の整数とするとき，次の等式を証明しなさい。　　　　　　　　　　（証明技能）

$$\sum_{k=1}^{n-1} \cos \frac{k}{n}\pi = 0$$

問題7．（必須）

a を実数の定数とします。関数 $f(x) = \dfrac{x+a}{x^2+1}$ が，$x = 1+\sqrt{2}$ で極大値をとるとき，次の問いに答えなさい。

（1）　定数 a の値および $f(x)$ の極大値を求めなさい。この問題は解法の過程を記述せずに，答えだけを書いてください。

（2）　関数 $y = f(x)$ のグラフと x 軸，y 軸によって囲まれる部分の面積 S を求めなさい。

第5回 2次：数理技能検定 《解答・解説》

問題1.

（1） $x \geq 0$, $y \geq 0$, $x^2+y^2 \leq 10$ を満たす点 (x, y) の範囲は右の図の斜線部分である。ここで $x+y=k$ とおくと，k は直線 $x+y=k$ の切片である。

k が最大のときは，直線 $x+y-k=0$ が円 $x^2+y^2=10$ の $x \geq 0$, $y \geq 0$ の部分に接するときであり，この接点を A，直線と y 軸の交点を B とする。

このとき，点と直線の距離の公式より

$$\frac{|1 \cdot 0 + 1 \cdot 0 - k|}{\sqrt{1^2+1^2}} = \sqrt{10}$$

$$|k| = \sqrt{20} = 2\sqrt{5}$$

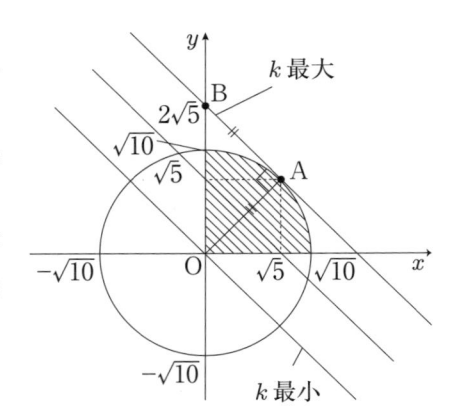

このとき，図の直角二等辺三角形 OAB に注目すると，点 A の座標が $(\sqrt{5}, \sqrt{5})$ であるから，$k > 0$ より，k の最大値は $2\sqrt{5}$ である。

また k が最小のときは直線 $x+y=k$ が原点 $(0, 0)$ を通るときで，すなわち $x=0$, $y=0$ のとき，$0+0=k$ より，k の最小値は 0 である。

（答） $x=y=\sqrt{5}$ のとき最大値 $2\sqrt{5}$，$x=y=0$ のとき最小値 0

別解 $x+y=k$ とおくと，k が最大のとき直線 $x+y=k$ と円 $x^2+y^2=10$ の $x \geq 0$, $y \geq 0$ の部分が接するので，$\begin{cases} x^2+y^2=10 \\ x+y=k \end{cases}$ から y を消去すると，$x^2+(-x+k)^2=10$ より

$$2x^2-2kx+k^2-10=0$$

この2次方程式の判別式を D_1 とすると，$D_1=0$ のとき重解をもち，xy 平面上では円と直線が接するので

$$\frac{D_1}{4} = k^2 - 2(k^2-10) = -k^2+20 = 0 \quad \text{これを解いて，} \quad k = \pm 2\sqrt{5}$$

$k > 0$ より，k の最大値は $2\sqrt{5}$ となる（k の最小値は本解と同様）。

(2) $x \geq 0$, $y \geq 0$ より, $u \geq 0$, $v \geq 0$ …①

$x^2 + y^2 = (x+y)^2 - 2xy \leq 10$ より, $u^2 - 2v \leq 10$ すなわち, $v \geq \dfrac{1}{2}u^2 - 5$ …②

また x, y は実数で, t の 2 次方程式 $t^2 - ut + v = 0$ の実数解であるから, この 2 次方程式の判別式を D_2 とすると, $D_2 \geq 0$ が成り立つ。よって

$D_2 = u^2 - 4v \geq 0$ すなわち, $v \leq \dfrac{1}{4}u^2$ …③

①, ②, ③より, 求める領域は下の図の斜線部分である。ただし, 境界を含む。

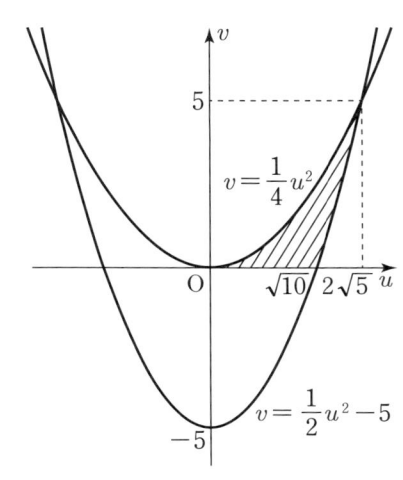

(答)

参考① 点と直線の距離

点 (p, q) と直線 $ax + by + c = 0$ との距離 d は, $d = \dfrac{|ap + bq + c|}{\sqrt{a^2 + b^2}}$ と表される。

この公式は覚えるだけでなく導けるようにすること (p.58 の問題 2 に出題)。

参考② 2 次方程式の判別式

2 次方程式 $ax^2 + bx + c = 0$ $(a \neq 0)$ で判別式を $D = b^2 - 4ac$ とすると

(ⅰ) $D > 0$ のとき, 共有点は 2 個 (異なる 2 つの実数解)
(ⅱ) $D = 0$ のとき, 共有点は 1 個 (1 つの実数解(重解))
(ⅲ) $D < 0$ のとき, 共有点は 0 個 (異なる 2 つの虚数解)

---

xy 平面上の (x, y) の領域から, $x + y = k$ (直線) として k の最大, 最小を求めること。
実数 x, y から, $x + y = u$, $xy = v$ より 2 次方程式 $t^2 - ut + v = 0$ の 2 解 x, y の実数条件を忘れないこと。

第5回　2次：数理技能検定《解答・解説》

問題2.

（1）　$\overrightarrow{DE} = \overrightarrow{AE} - \overrightarrow{AD} = \vec{e} - \vec{d}$,　　$\overrightarrow{DM} = \overrightarrow{AM} - \overrightarrow{AD} = \dfrac{1}{2}\vec{b} - \vec{d}$

（答）　$\overrightarrow{DE} = \vec{e} - \vec{d}$,　$\overrightarrow{DM} = \dfrac{1}{2}\vec{b} - \vec{d}$

（2）　$\overrightarrow{AG} = \vec{b} + \vec{d} + \vec{e}$ であり，P は直線 AG 上の点であるから，実数 k を用いて
$$\overrightarrow{AP} = k\overrightarrow{AG} = k\vec{b} + k\vec{d} + k\vec{e} \quad \cdots ①$$
また，P は平面 MED 上の点であるから，実数 s, t を用いて
$$\overrightarrow{DP} = s\overrightarrow{DE} + t\overrightarrow{DM} = s(\vec{e} - \vec{d}) + t\left(\dfrac{1}{2}\vec{b} - \vec{d}\right) \quad \cdots ②$$
$\overrightarrow{AP} = \overrightarrow{AD} + \overrightarrow{DP}$ と②より
$$\overrightarrow{AP} = \dfrac{1}{2}t\vec{b} + (1 - s - t)\vec{d} + s\vec{e} \quad \cdots ③$$
$\vec{b}, \vec{d}, \vec{e}$ は1次独立である（4点 A, B, D, E は四面体をつくる）から，①，③より
$$k = \dfrac{1}{2}t = 1 - s - t = s$$

これを解くと，$k = s = \dfrac{1}{4}$，$t = \dfrac{1}{2}$ より，$\overrightarrow{AP} = \dfrac{1}{4}\overrightarrow{AG}$

$|\overrightarrow{AG}| = \sqrt{2^2 + 2^2 + 3^2} = \sqrt{17}$ であるから，$|\overrightarrow{AP}| = \dfrac{\sqrt{17}}{4}$ である。

（答）　$\dfrac{\sqrt{17}}{4}$

参考①　空間ベクトルの表し方

・3点 A，B，C が同一直線上にあるとき
$$\overrightarrow{AC} = k\overrightarrow{AB}\ (k は任意の実数)$$
・4点 A，B，C，D が同一平面上にあるとき，O を始点として
$$\overrightarrow{OD} = s\overrightarrow{OA} + t\overrightarrow{OB} + u\overrightarrow{OC} \quad (s + t + u = 1 で s, t, u は実数)$$
と表される。これらの表し方はよく用いられるので，しっかりおさえておくこと。

参考② 1次独立

空間の $\vec{0}$ でない3つのベクトル $\vec{a}, \vec{b}, \vec{c}$ が同一平面上にないとき，$\vec{a}, \vec{b}, \vec{c}$ は1次独立であるという。$\vec{a}, \vec{b}, \vec{c}$ が1次独立ならば，次のことが成り立つ。

$$s\vec{a}+t\vec{b}+u\vec{c}=s'\vec{a}+t'\vec{b}+u'\vec{c} \iff s=s' \text{ かつ } t=t' \text{ かつ } u=u'$$

とくに，$s\vec{a}+t\vec{b}+u\vec{c}=\vec{0} \iff s=t=u=0$ である。

| 1次独立である | 1次独立でない |

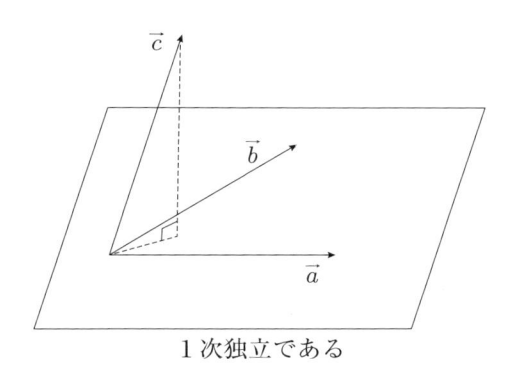

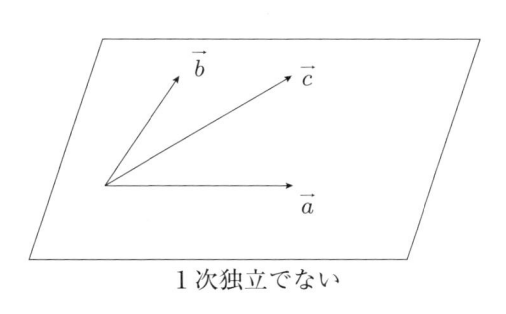

問題3．

$y=\sqrt{2x-4}$ のグラフは右の図のようになる。また，$y=ax+2$ のグラフは点 $(0, 2)$ を通り，傾き a の直線である。これらが接するときの a の値を，$a>0$ となることに注意して求める。

$$\sqrt{2x-4}=ax+2$$
$$2x-4=a^2x^2+4ax+4$$
$$a^2x^2+2(2a-1)x+8=0$$

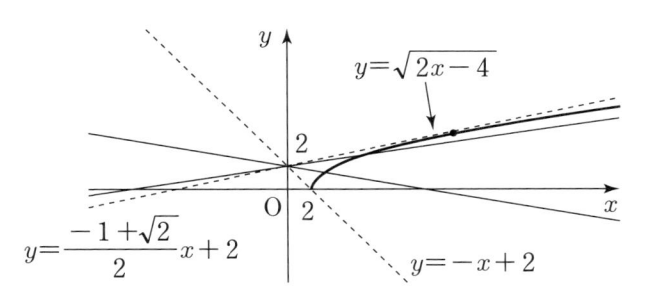

上の2次方程式が重解をもつときの a の値は，判別式を D とすると $\dfrac{D}{4}=0$ であるから

$$\frac{D}{4}=(2a-1)^2-8a^2=0 \quad 4a^2-4a+1-8a^2=0 \quad 4a^2+4a-1=0$$

$a>0$ より，$a=\dfrac{-1+\sqrt{2}}{2}$

また，直線 $y=ax+2$ が点 $(2, 0)$ を通るときの a の値は，$a=-1$ である。

第5回　2次：数理技能検定《解答・解説》

以上から，求める共有点の個数は，$a<-1$ または $a>\dfrac{-1+\sqrt{2}}{2}$ のとき 0 個，

$-1\leqq a\leqq 0$ または $a=\dfrac{-1+\sqrt{2}}{2}$ のとき 1 個，$0<a<\dfrac{-1+\sqrt{2}}{2}$ のとき 2 個である。

(答) $\begin{cases} a<-1 \text{ または } a>\dfrac{-1+\sqrt{2}}{2} \text{ のとき 0 個} \\ -1\leqq a\leqq 0 \text{ または } a=\dfrac{-1+\sqrt{2}}{2} \text{ のとき 1 個} \\ 0<a<\dfrac{-1+\sqrt{2}}{2} \text{ のとき 2 個} \end{cases}$

> **参考** 無理関数のグラフの注意点
> ・x や y の変域に注意すること。
> ・xy 平面上の曲線や直線の通る点や傾きに注目すること。

問題4．

(1) $A^2=AA=\begin{pmatrix} 2 & -2 \\ 1 & -1 \end{pmatrix}\begin{pmatrix} 2 & -2 \\ 1 & -1 \end{pmatrix}=\begin{pmatrix} 2 & -2 \\ 1 & -1 \end{pmatrix}$, $\quad B^2=BB=\begin{pmatrix} 1 & -2 \\ 1 & -2 \end{pmatrix}\begin{pmatrix} 1 & -2 \\ 1 & -2 \end{pmatrix}=\begin{pmatrix} -1 & 2 \\ -1 & 2 \end{pmatrix}$

$AB=\begin{pmatrix} 2 & -2 \\ 1 & -1 \end{pmatrix}\begin{pmatrix} 1 & -2 \\ 1 & -2 \end{pmatrix}=\begin{pmatrix} 0 & 0 \\ 0 & 0 \end{pmatrix}$, $\quad BA=\begin{pmatrix} 1 & -2 \\ 1 & -2 \end{pmatrix}\begin{pmatrix} 2 & -2 \\ 1 & -1 \end{pmatrix}=\begin{pmatrix} 0 & 0 \\ 0 & 0 \end{pmatrix}$

(答) $A^2=\begin{pmatrix} 2 & -2 \\ 1 & -1 \end{pmatrix}$, $B^2=\begin{pmatrix} -1 & 2 \\ -1 & 2 \end{pmatrix}$, $AB=\begin{pmatrix} 0 & 0 \\ 0 & 0 \end{pmatrix}$, $BA=\begin{pmatrix} 0 & 0 \\ 0 & 0 \end{pmatrix}$

(2) (1)より，$A^2=A, B^2=-B$ であるから，すべての正の整数に対して

$\qquad A^n=A, \quad B^n=(-1)^{n-1}B=-(-1)^n B \quad \cdots ①$

また，O を零行列として(1)より，$AB=BA=O \quad \cdots ②$

さらに，$X=aA+bB$（a, b は定数）とおくと

$\begin{cases} 7=2a+b \\ -10=-2a-2b \\ 5=a+b \\ -8=-a-2b \end{cases}$

これを解くと，$a=2$, $b=3$ より，$X=2A+3B$ …③

①〜③より，$X^n=(2A+3B)^n=2^n A^n+3^n B^n$

よって，$a_n=2^n$, $b_n=-(-3)^n$

（答）　$a_n=2^n$, $b_n=-(-3)^n$

参考 二項定理

$$(a+b)^n={}_nC_0 a^n+{}_nC_1 a^{n-1}b+\cdots+{}_nC_r a^{n-r}b^r+\cdots+{}_nC_{n-1}ab^{n-1}+{}_nC_n b^n$$

本問は行列の問題だが，$AB=BA$ のため二項定理が使える。

$$(2A+3B)^n=2^n A^n+{}_nC_1 \cdot 2^{n-1}\cdot 3\cdot A^{n-1}B+{}_nC_2\cdot 2^{n-2}\cdot 3^2\cdot A^{n-2}B^2+\cdots$$
$$+{}_nC_{n-1}\cdot 2\cdot 3^{n-1}\cdot AB^{n-1}+3^n B^n$$

この式で，②より AB を含む項〜〜が O（零行列）になる。

$AB\neq BA$ のときは二項定理が使えないので注意すること。

問題5．

$2014=2\cdot 1007=2\cdot 19\cdot 53$ であるから

$$2\cdot 19\cdot 53\cdot E=(17^A-6^B)\times(C-D) \quad\cdots①$$

ここで①より，17^A-6^B は奇数かつ3の倍数でないから，2 は $C-D$ の素因数である。

また，$-4\leq C-D\leq 4$ であるから，$C-D=\pm 2$ または ± 4 である。

このことから，19 と 53 は 17^A-6^B の素因数であり，さらに E を考慮すると

$$17^A-6^B=\pm 19\cdot 53\cdot k=\pm 1007k \quad (k は 1\leq k\leq 5 を満たす整数)$$

よって，17^A-6^B は奇数かつ3の倍数でないことから

$$17^A-6^B=\pm 1007 \text{ または } \pm 5035 \quad\cdots②$$

ここで

$17^1=17$, $17^2=289$, $17^3=4913$, $17^4=83521$, $17^5=1419857$

$6^1=6$, $6^2=36$, $6^3=216$, $6^4=1296$, $6^5=7776$

であり，$A=2$, $B=4$ のとき，$17^2-6^4=-1007$ となり，②を満たす。

このとき①より，$2E=-(C-D)$ で，これを満たすのは $C=3$, $D=5$, $E=1$

以上から，$A=2$, $B=4$, $C=3$, $D=5$, $E=1$ である。

（答）　$A=2$, $B=4$, $C=3$, $D=5$, $E=1$

第5回　2次：数理技能検定《解答・解説》

> **参考** 整数の問題の注意点
> ・偶数・奇数の判断や，倍数・約数（素因数）にも着目すること。
> ・文字に入る数が決まっている場合には，文字式の取りうる範囲も注意すること。
> ・分数式の場合は，（整数式）＝（整数式）の形から条件を絞り込むこと。
> ・①の右辺は（正）×（正）だけでなく，（負）×（負）も考慮すること。

問題6．

n が偶数のときと奇数のときで場合分けをして考える。

（ⅰ）　$n=2m$（m は正の整数）のとき

　$m=1$，すなわち $n=2$ のとき，

$$（左辺）=\cos\frac{\pi}{2}=0$$

　$m\geqq 2$ のとき

$$（左辺）=\sum_{k=1}^{m-1}\cos\frac{k}{n}\pi+\cos\frac{\pi}{2}+\sum_{k=m+1}^{2m-1}\cos\frac{k}{n}\pi=\sum_{k=1}^{m-1}\cos\frac{k}{n}\pi+0-\sum_{k=m+1}^{2m-1}\cos\frac{n-k}{n}\pi$$

$$=\sum_{k=1}^{m-1}\cos\frac{k}{n}\pi-\sum_{k=1}^{m-1}\cos\frac{k}{n}\pi=0$$

（ⅱ）　$n=2m+1$（m は正の整数）のとき

$$（左辺）=\sum_{k=1}^{m}\cos\frac{k}{n}\pi+\sum_{k=m+1}^{2m}\cos\frac{k}{n}\pi=\sum_{k=1}^{m}\cos\frac{k}{n}\pi-\sum_{k=m+1}^{2m}\cos\frac{n-k}{n}\pi$$

$$=\sum_{k=1}^{m}\cos\frac{k}{n}\pi-\sum_{k=1}^{m}\cos\frac{k}{n}\pi=0$$

（ⅰ），（ⅱ）より，2以上のすべての整数 n について，$\sum_{k=1}^{n-1}\cos\frac{k}{n}\pi=0$ が成り立つことが示された。

別解　公式 $\cos A+\cos B=2\cos\dfrac{A+B}{2}\cos\dfrac{A-B}{2}$ を用いる。

（ⅰ）　$n=2l$（l は正の整数）のとき

$$\sum_{k=1}^{2l-1}\cos\frac{k}{2l}\pi=\cos\frac{1}{2l}\pi+\cos\frac{2}{2l}\pi+\cdots+\cos\frac{l-1}{2l}\pi+\cos\frac{l}{2l}\pi+\cdots+\cos\frac{2l-1}{2l}\pi$$

$$=\left(\cos\frac{1}{2l}\pi+\cos\frac{2l-1}{2l}\pi\right)+\cdots+\left(\cos\frac{l-1}{2l}\pi+\cos\frac{l+1}{2l}\pi\right)+\cos\frac{l}{2l}\pi$$

$$=2\cos\frac{\pi}{2}\cos\frac{l-1}{2l}\pi+2\cos\frac{\pi}{2}\cos\frac{l-2}{2l}+\cdots+2\cos\frac{\pi}{2}\cos\frac{1}{2l}\pi+\cos\frac{\pi}{2}=0$$

(ⅱ) $n=2l+1$（l は正の整数）のとき

$$\sum_{k=1}^{2l}\cos\frac{k}{2l+1}\pi=\cos\frac{1}{2l+1}\pi+\cdots+\cos\frac{l}{2l+1}\pi+\cos\frac{l+1}{2l+1}\pi+\cdots+\cos\frac{2l}{2l+1}\pi$$

$$=\left(\cos\frac{1}{2l+1}\pi+\cos\frac{2l}{2l+1}\pi\right)+\cdots+\left(\cos\frac{l}{2l+1}\pi+\cos\frac{l+1}{2l+1}\pi\right)$$

$$=2\cos\frac{\pi}{2}\cos\frac{2l-1}{2(2l+1)}\pi+2\cos\frac{\pi}{2}\cos\frac{2l-3}{2(2l+1)}\pi+\cdots+2\cos\frac{\pi}{2}\cos\frac{1}{2(2l+1)}\pi=0$$

（ⅰ），（ⅱ）より，2 以上のすべての整数 n について，題意が成立する。

参考 証明のポイント

・$\cos\dfrac{n-k}{n}\pi=\cos\left(\pi-\dfrac{k}{n}\pi\right)=-\cos\dfrac{k}{n}\pi$ に変形できることに注目すること。

・n が偶数か奇数かで形が変わる場合は，両方の場合を示すこと。

$n=2$ のとき，$\displaystyle\sum_{k=1}^{1}\cos\frac{k}{2}\pi=\cos\frac{\pi}{2}$

$n=3$ のとき，$\displaystyle\sum_{k=1}^{2}\cos\frac{k}{3}\pi=\cos\frac{\pi}{3}+\cos\frac{2}{3}\pi$

$n=4$ のとき，$\displaystyle\sum_{k=1}^{3}\cos\frac{k}{4}\pi=\cos\frac{\pi}{4}+\cos\frac{2}{4}\pi+\cos\frac{3}{4}\pi$

と書き並べていくと，証明の道筋が立てやすい。

問題 7.

（1） $f(x)=\dfrac{x+a}{x^2+1}$ より，$f'(x)=\dfrac{1\cdot(x^2+1)-(x+a)\cdot 2x}{(x^2+1)^2}=\dfrac{-x^2-2ax+1}{(x^2+1)^2}$

$f'(1+\sqrt{2})=0$ より，$-(1+\sqrt{2})^2-2a(1+\sqrt{2})+1=0$　　$2(1+\sqrt{2})a=-2-2\sqrt{2}$

これを解くと，$a=-1$ であるから

$$f(x)=\frac{x-1}{x^2+1}, \quad f'(x)=\frac{-x^2+2x+1}{(x^2+1)^2}=\frac{-(x-1+\sqrt{2})(x-1-\sqrt{2})}{(x^2+1)^2}$$

よって，$f(x)$ の増減表は次のようになる。

x	$\cdots$	$1-\sqrt{2}$	$\cdots$	$1+\sqrt{2}$	$\cdots$
$f'(x)$	$-$	0	$+$	0	$-$
$f(x)$	↘	極小	↗	極大	↘

$f(x)$ は，$x=1+\sqrt{2}$ で極大値をとるので，極大値は
$$f(1+\sqrt{2})=\frac{1+\sqrt{2}-1}{(1+\sqrt{2})^2+1}=\frac{\sqrt{2}}{4+2\sqrt{2}}=\frac{\sqrt{2}-1}{2}$$

（答）　$a=-1$，極大値 $\dfrac{\sqrt{2}-1}{2}$

（2）　（1）より，$f(1-\sqrt{2})=-\dfrac{\sqrt{2}+1}{2}$，$f(1+\sqrt{2})=\dfrac{\sqrt{2}-1}{2}$

また，$\displaystyle\lim_{x\to+\infty}f(x)=0$，$\displaystyle\lim_{x\to-\infty}f(x)=0$ であるから，$y=f$ のグラフは下の図のようになる。

$y=f(x)$，x 軸，y 軸によって囲まれた部分は右の図の斜線部分であり，求める面積 S は

$$S=\int_0^1\{0-f(x)\}dx=\int_0^1\frac{1-x}{x^2+1}dx$$
$$=\int_0^1\frac{1}{x^2+1}dx-\int_0^1\frac{x}{x^2+1}dx \quad\cdots\text{①}$$

ここで，自然対数の底を e として

$$\int_0^1\frac{x}{x^2+1}dx=\frac{1}{2}\int_0^1\frac{(x^2+1)'}{x^2+1}dx$$
$$=\frac{1}{2}\bigl[\log_e(x^2+1)\bigr]_0^1=\frac{1}{2}\log_e 2 \quad\cdots\text{②}$$

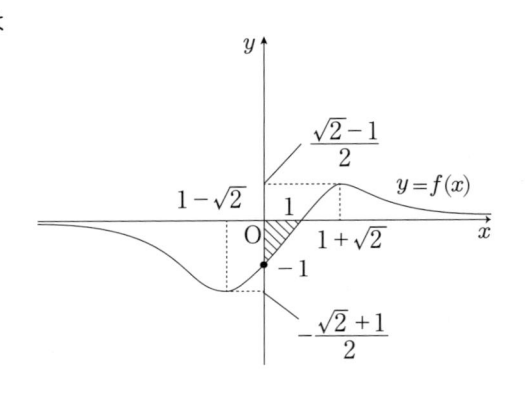

また，$\displaystyle\int_0^1\frac{1}{x^2+1}dx$ において，$x=\tan\theta$ とおくと，$\dfrac{dx}{d\theta}=\dfrac{1}{\cos^2\theta}$ であるから

$$\int_0^1\frac{1}{x^2+1}dx=\int_0^{\frac{\pi}{4}}\frac{1}{\tan^2\theta+1}\cdot\frac{1}{\cos^2\theta}d\theta=\int_0^{\frac{\pi}{4}}\cos^2\theta\cdot\frac{1}{\cos^2\theta}d\theta=\bigl[\theta\bigr]_0^{\frac{\pi}{4}}=\frac{\pi}{4} \quad\cdots\text{③}$$

以上から，②，③を①に代入して，$S=\dfrac{\pi}{4}-\dfrac{1}{2}\log_e 2$

x	$0 \to 1$
θ	$0 \to \dfrac{\pi}{4}$

（答）　$S=\dfrac{\pi}{4}-\dfrac{1}{2}\log_e 2$　（e は自然対数の底）

参考 グラフの概形

- $f'(x)$ の符号と $\displaystyle\lim_{x\to+\infty}f(x)$，$\displaystyle\lim_{x\to-\infty}f(x)$ を求め，$f(x)$ の増減表をつくること。
- $y=f(x)$ のグラフ，x 軸，y 軸の位置関係に注意して，面積を求める式をつくること。

第 6 回

1次：計算技能検定《問題》　　　……　116
1次：計算技能検定《解答・解説》　……　118
2次：数理技能検定《問題》　　　……　124
2次：数理技能検定《解答・解説》　……　127

実用数学技能検定 準1級［完全解説問題集］　発見

第6回 1次：計算技能検定 《問題》

問題1.

方程式 $(x^2+2x)^2-2(x^2+2x)-8=0$ を複素数の範囲で解きなさい。ただし，虚数単位は i とします。

問題2.

xy 平面において，中心が $(5,4)$ で，直線 $x+2y-8=0$ に接する円の方程式を求めなさい。

問題3.

次の和を求めなさい。

$$\sum_{k=1}^{100} \frac{1}{k(k+1)(k+2)}$$

問題4.

関数 $f(x)=\dfrac{2x+4}{x-1}$ について，次の問いに答えなさい。

① 逆関数 $f^{-1}(x)$ を求めなさい。

② $f^{-1}(x)=f(x)$ を満たす x の値を求めなさい。

問題５．

次の問いに答えなさい。

① 次の不定積分を求めなさい。

$$\int 2x \sin 2x \, dx$$

② 次の定積分を求めなさい。

$$\int_0^{\frac{\pi}{2}} 2x \sin 2x \, dx$$

問題６．

双曲線 $4x^2 - 3y^2 = 12$ の焦点の座標を求めなさい。

問題７．

次の極限値を求めなさい。

$$\lim_{x \to 2} \frac{2-x}{\sqrt{x+2}-2}$$

第6回 1次：計算技能検定 《解答・解説》

問題1．

多項式 $(x^2+2x)^2-2(x^2+2x)-8$ を因数分解すると
$$(x^2+2x)^2-2(x^2+2x)-8=(x^2+2x-4)(x^2+2x+2)$$
である。したがって，方程式 $(x^2+2x-4)(x^2+2x+2)=0$ を解けばよい。
$x^2+2x-4=0$，$x^2+2x+2=0$ に2次方程式の解の公式を用いると，$i=\sqrt{-1}$ より
$$x=-1\pm\sqrt{1-(-4)}=-1\pm\sqrt{5}$$
$$x=-1\pm\sqrt{1-2}=-1\pm\sqrt{-1}=-1\pm i$$
とそれぞれ求まる。

（答）　$x=-1\pm\sqrt{5}$，$-1\pm i$

参考　2次方程式の解の公式

2次方程式 $ax^2+bx+c=0\,(a\neq 0)$ の解は，$x=\dfrac{-b\pm\sqrt{b^2-4ac}}{2a}$

2次方程式 $ax^2+2b'x+c=0\,(a\neq 0)$ の解は，$x=\dfrac{-b'\pm\sqrt{b'^2-ac}}{a}$

問題2．

円の半径を $r(>0)$ とおくと，中心の座標が $(5,4)$ であることから，求める円の方程式は
$$(x-5)^2+(y-4)^2=r^2$$
となる。この円が直線 $x+2y-8=0$ に接するような r の値を求めればよい。r の値は円の中心 $(5,4)$ と接線 $x+2y-8=0$ の距離に等しいから，点と直線の距離の公式より，$r=\dfrac{|5+2\cdot 4-8|}{\sqrt{1^2+2^2}}=\sqrt{5}$

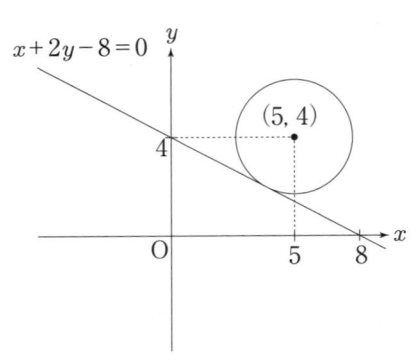

したがって，求める円の方程式は，$(x-5)^2+(y-4)^2=5$ である。

（答）　$(x-5)^2+(y-4)^2=5$

別解 円の半径を $r(>0)$ とおくと,中心の座標は $(5, 4)$ であるから,求める円の方程式は,$(x-5)^2+(y-4)^2=r^2$ となる。

このとき円が直線 $x+2y-8=0$ に接するような r の値を求めればよい。

すなわち,次の連立方程式の解がただ 1 組になるような r の値を求める。

$$\begin{cases} (x-5)^2+(y-4)^2=r^2 & \cdots ① \\ x+2y-8=0 & \cdots ② \end{cases}$$

②を変形して,$x=-2y+8$ を①に代入すると

$(-2y+8-5)^2+(y-4)^2=r^2 \qquad (-2y+3)^2+(y-4)^2=r^2$

$4y^2-12y+9+y^2-8y+16-r^2=0$

$5y^2-20y+25-r^2=0 \quad \cdots ③$

③における判別式を D とすると

$$\frac{D}{4}=(-10)^2-5\times(25-r^2)=100-125+5r^2=5r^2-25$$

ここで,③がただ 1 つの解をもてばよいので,$\dfrac{D}{4}=0$ より,$r^2=5$

したがって,求める円の方程式は,$(x-5)^2+(y-4)^2=5$ である。

参考① **点と直線の距離**

点 (x_0, y_0) と直線 $ax+by+c=0$ の距離 d は,$d=\dfrac{|ax_0+by_0+c|}{\sqrt{a^2+b^2}}$

参考② **円の方程式**

中心が (a, b) で半径が $r(>0)$ の円の方程式は,$(x-a)^2+(y-b)^2=r^2$

参考③ **2 次方程式の解の判別**

2 次方程式 $ax^2+bx+c=0\,(a\neq 0)$ の解は,判別式 $D(=b^2-4ac)$ の値によって次の 3 つの場合に判別される。

・$D>0$ のとき,異なる 2 つの実数解をもつ。

・$D=0$ のとき,ただ 1 つの実数解(重解)をもつ。

・$D<0$ のとき,異なる 2 つの虚数解をもつ。

また 2 次方程式 $ax^2+2b'x+c=0\,(a\neq 0)$ の判別式を D' とすると,$\dfrac{D'}{4}=b'^2-ac$ であり,$\dfrac{D'}{4}$ の符号によって,解は D のとき同様に 3 つの場合に判別される。

第6回　1次：計算技能検定《解答・解説》

問題3．

まず，$\dfrac{1}{k(k+1)(k+2)}$ を部分分数分解する。

$\dfrac{1}{k(k+1)}-\dfrac{1}{(k+1)(k+2)}$ の式をつくって計算してみると

$$\dfrac{1}{k(k+1)}-\dfrac{1}{(k+1)(k+2)}=\dfrac{k+2}{k(k+1)(k+2)}-\dfrac{k}{k(k+1)(k+2)}=\dfrac{2}{k(k+1)(k+2)}$$

であるから

$$\dfrac{1}{k(k+1)(k+2)}=\dfrac{1}{2}\left\{\dfrac{1}{k(k+1)}-\dfrac{1}{(k+1)(k+2)}\right\}$$

と部分分数分解できる。したがって

$$\sum_{k=1}^{100}\dfrac{1}{k(k+1)(k+2)}=\dfrac{1}{2}\sum_{k=1}^{100}\left\{\dfrac{1}{k(k+1)}-\dfrac{1}{(k+1)(k+2)}\right\}$$

$$=\dfrac{1}{2}\left\{\left(\dfrac{1}{1\cdot2}-\dfrac{1}{2\cdot3}\right)+\left(\dfrac{1}{2\cdot3}-\dfrac{1}{3\cdot4}\right)+\left(\dfrac{1}{3\cdot4}-\dfrac{1}{4\cdot5}\right)+\cdots+\left(\dfrac{1}{100\cdot101}-\dfrac{1}{101\cdot102}\right)\right\}$$

$$=\dfrac{1}{2}\left(\dfrac{1}{2}-\dfrac{1}{10302}\right)=\dfrac{2575}{10302}$$

（答）　$\dfrac{2575}{10302}$

問題4．

① 関数を $y=f(x)$ $(x\neq1)$ とおいて，x について解くと

$$y=\dfrac{2x+4}{x-1} \qquad y(x-1)=2x+4 \qquad xy-y=2x+4 \qquad (y-2)x=y+4 \qquad x=\dfrac{y+4}{y-2}$$

x と y を入れ替えると，$y=\dfrac{x+4}{x-2}$ より逆関数 $f^{-1}(x)$ は，$f^{-1}(x)=\dfrac{x+4}{x-2}$ である。

（答）　$f^{-1}(x)=\dfrac{x+4}{x-2}$

② $f^{-1}(x)=f(x)$ より，$\dfrac{x+4}{x-2}=\dfrac{2x+4}{x-1}$ $(x\neq1, 2)$ を解いてもよいが，xy 平面上で $y=f(x)$ と $y=f^{-1}(x)$ のグラフは直線 $y=x$ に関して対称であるので，$y=f(x)$ と $y=f^{-1}(x)$ との交点を考える際は曲線 $y=f(x)$ と直線 $y=x$ の交点を考えるとよい。

この性質を用いて，$f(x)=x$ の解を求めると

$\dfrac{2x+4}{x-1}=x$　　　$x(x-1)=2x+4$　　　$x^2-3x-4=0$　　　$(x+1)(x-4)=0$　　　$x=-1, 4$

$x\neq 1, 2$ より，2つとも適する。

（答）　$x=-1, 4$

> **参考** **逆関数の性質**
> ・関数 $y=f(x)$ と $y=f^{-1}(x)$ は，定義域と値域が入れ替わる。
> ・関数 $y=f(x)$ と $y=f^{-1}(x)$ のグラフは，直線 $y=x$ に関して対称である。

問題5．

① 部分積分法を用いる。

$$\int 2x\sin 2x\,dx=2x\left(-\dfrac{1}{2}\cos 2x\right)-\int 2\cdot\left(-\dfrac{1}{2}\cos 2x\right)dx=-x\cos 2x+\int\cos 2x\,dx$$

$$=\dfrac{1}{2}\sin 2x-x\cos 2x+C\text{（}C\text{は積分定数）}$$

（答）　$\dfrac{1}{2}\sin 2x-x\cos 2x+C$（$C$ は積分定数）

② ①の結果より

$$\int_0^{\frac{\pi}{2}}2x\sin 2x\,dx=\left[\dfrac{1}{2}\sin 2x-x\cos 2x\right]_0^{\frac{\pi}{2}}=\left(\dfrac{1}{2}\sin\pi-\dfrac{\pi}{2}\cos\pi\right)-\left(\dfrac{1}{2}\sin 0-0\cdot\cos 0\right)$$

$$=\dfrac{\pi}{2}$$

（答）　$\dfrac{\pi}{2}$

> **参考①** **部分積分法**
> 関数 $f'(x)$，$g(x)$ の積 $f'(x)g(x)$ の積分は次のようになる。
> $$\int f'(x)g(x)\,dx=f(x)g(x)-\int f(x)g'(x)\,dx$$

第6回　1次：計算技能検定《解答・解説》

> **参考②** 三角関数の積分
> $$\int \sin x\, dx = -\cos x + C, \quad \int \cos x\, dx = \sin x + C \quad (C は積分定数)$$

問題6．

双曲線の式 $4x^2 - 3y^2 = 12$ の両辺を 12 で割ると，$\dfrac{x^2}{(\sqrt{3})^2} - \dfrac{y^2}{2^2} = 1$ が成り立つ。

ここで，$\sqrt{(\sqrt{3})^2 + 2^2} = \sqrt{7}$ であるから双曲線の焦点の座標は，$(\sqrt{7},\ 0)$，$(-\sqrt{7},\ 0)$ である。

（答）　$(\sqrt{7},\ 0)$，$(-\sqrt{7},\ 0)$

> **参考** 双曲線の焦点
>
> ・双曲線 $\dfrac{x^2}{a^2} - \dfrac{y^2}{b^2} = 1$ $(a>0,\ b>0)$ の焦点は，$F(\sqrt{a^2+b^2},\ 0)$，$F'(-\sqrt{a^2+b^2},\ 0)$ 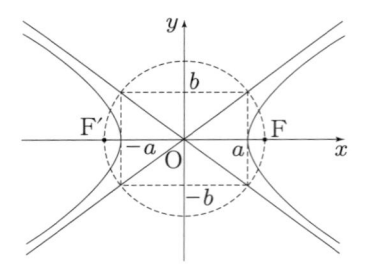
>
> ・双曲線 $\dfrac{x^2}{a^2} - \dfrac{y^2}{b^2} = -1$ $(a>0,\ b>0)$ の焦点は，$F(0,\ \sqrt{a^2+b^2})$，$F'(0,\ -\sqrt{a^2+b^2})$

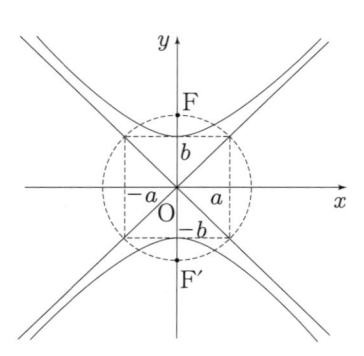

問題7．

分数 $\dfrac{2-x}{\sqrt{x+2}-2}$ の分母を有理化する。

$$\dfrac{2-x}{\sqrt{x+2}-2}=\dfrac{(2-x)(\sqrt{x+2}+2)}{(\sqrt{x+2}-2)(\sqrt{x+2}+2)}=\dfrac{(2-x)(\sqrt{x+2}+2)}{(\sqrt{x+2})^2-2^2}$$
$$=\dfrac{(2-x)(\sqrt{x+2}+2)}{x-2}=-(\sqrt{x+2}+2)$$

以上から

$$\lim_{x\to 2}\dfrac{2-x}{\sqrt{x+2}-2}=\lim_{x\to 2}\{-(\sqrt{x+2}+2)\}=-(\sqrt{2+2}+2)=-4$$

（答）　-4

参考 **不定形の極限**

$\lim\limits_{x\to 2}\dfrac{2-x}{\sqrt{x+2}-2}$ の極限値をそのまま計算しようとすると分母，分子がともに限りなく0に近づき（不定形），このままでは極限値が定まらない。このような場合，分母や分子を有理化すると極限がうまく求まることがある。

$a>0,\ b>0,\ a\neq b$ のとき

・分母の有理化
$$\dfrac{c}{\sqrt{a}-\sqrt{b}}=\dfrac{c(\sqrt{a}+\sqrt{b})}{(\sqrt{a}-\sqrt{b})(\sqrt{a}+\sqrt{b})}=\dfrac{c(\sqrt{a}+\sqrt{b})}{a-b}$$

・分子の有理化
$$\dfrac{\sqrt{a}-\sqrt{b}}{c}=\dfrac{(\sqrt{a}-\sqrt{b})(\sqrt{a}+\sqrt{b})}{c(\sqrt{a}+\sqrt{b})}=\dfrac{a-b}{c(\sqrt{a}+\sqrt{b})}$$

第6回 2次：数理技能検定 《問題》

問題1．（選択）

係数が整数である x の3次方程式で，$x = \sqrt[3]{4+2\sqrt{2}} + \sqrt[3]{4-2\sqrt{2}}$ を解にもつものを，1つ求めなさい。

問題2．（選択）

四面体OABCにおいて，$\overrightarrow{OA} = \vec{a}$, $\overrightarrow{OB} = \vec{b}$, $\overrightarrow{OC} = \vec{c}$ とします。OB, OCをそれぞれ 1：2，1：3に内分する点をD, Eとし，△ADEの重心をGとします。これについて，次の問いに答えなさい。

（1）$\overrightarrow{OG}$ を，$\vec{a}$, $\vec{b}$, $\vec{c}$ を用いて表しなさい。　　　　　　　　　　（表現技能）

（2）2つの四面体OADE，GABCの体積を，それぞれ V_1, V_2 とします。$V_1 : V_2$ を，もっとも簡単な整数の比で表しなさい。

問題3．（選択）

次の無限級数の和を求めなさい。

$$\sum_{n=1}^{\infty} \frac{1}{3^n} \sin \frac{2n\pi}{3}$$

問題4．（選択）

z は複素数で，$z^6+z^5+z^4+z^3+z^2+z+1=0$ を満たします。このとき，次の式の値を求めなさい。

（1） $|z|$

（2） $|z-2|^2+|z+2|^2$

問題5．（選択）

n を3以上の整数とし，1辺の長さが n である正方形を，1辺の長さが1である n^2 個の正方形に分け，さらに，もっとも上の段の，左から2番めの正方形1個を除いた図形を考えます。右の図1は $n=3$ のときのもの，図2は $n=4$ のときのものです。

この図形を，1辺の長さが1である正方形を図3のように4個組み合わせて作ったピースだけをすき間なく並べて埋めつくすことは可能でしょうか。

可能であると考えた場合は，そのときの n の値をすべて求めなさい。不可能であると考えた場合は，その理由を説明しなさい。

（整理技能）

図1

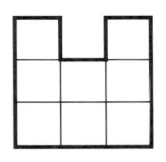

図2

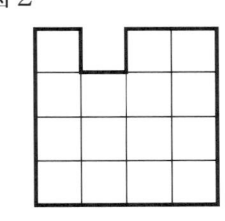

図3

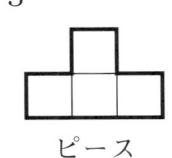

ピース

第6回　2次：数理技能検定《問題》

問題6.（必須）

実数 x, y が $x \geq 2$, $y \geq 1$, $xy = 32$ を満たすとき，$z = (\log_2 x)(\log_2 y)$ の最大値と最小値，およびそれぞれのときの x, y の値を求めなさい。

問題7.（必須）

xy 平面上の曲線 $C : y = 2\sqrt{4 - x^2}$ $(-2 \leq x \leq 2)$ について，次の問いに答えなさい。

（1）　C 上の点 $(1, 2\sqrt{3})$ における接線 l の方程式を求めなさい。

（2）　C の $1 \leq x \leq 2$ の部分と（1）の直線 l および x 軸によって囲まれる図形の面積 S を求めなさい。

第6回 2次：数理技能検定 《解答・解説》

問題1.

$a = \sqrt[3]{4+2\sqrt{2}}$, $b = \sqrt[3]{4-2\sqrt{2}}$ とおくと

$$a^3 + b^3 = (4+2\sqrt{2}) + (4-2\sqrt{2}) = 8$$
$$ab = \sqrt[3]{(4+2\sqrt{2})(4-2\sqrt{2})} = \sqrt[3]{8} = 2$$

がそれぞれ成り立つ。$x = a+b$ であるから

$$x^3 = (a+b)^3 = a^3 + 3a^2b + 3ab^2 + b^3$$
$$= (a^3+b^3) + 3ab(a+b) = 8 + 6x$$

となる。したがって，求める3次方程式の1つは，$x^3 - 6x - 8 = 0$ である。

(答の例)　$x^3 - 6x - 8 = 0$

参考 対称式の活用

$a = \sqrt[3]{4+2\sqrt{2}}$, $b = \sqrt[3]{4-2\sqrt{2}}$ とおくことで，$x = a+b$ となる。
求める方程式は3次方程式であるから，x^3 が必ず出てくることがわかる。
x^3 を a, b の対称式で表した後に，x と定数で表せばよい。

問題2.

（1）　$\overrightarrow{OD} = \dfrac{1}{3}\vec{b}$, $\overrightarrow{OE} = \dfrac{1}{4}\vec{c}$ であるから

$$\overrightarrow{OG} = \dfrac{\overrightarrow{OA} + \overrightarrow{OD} + \overrightarrow{OE}}{3} = \dfrac{1}{3}\vec{a} + \dfrac{1}{9}\vec{b} + \dfrac{1}{12}\vec{c}$$

(答)　$\overrightarrow{OG} = \dfrac{1}{3}\vec{a} + \dfrac{1}{9}\vec{b} + \dfrac{1}{12}\vec{c}$

（2）　四面体 OABC の体積を V とする。図より，四面体 OABC と四面体 OADE の体積比は，△OBC と △ODE の面積比に等しいので

$$V_1 = \dfrac{1}{3} \times \dfrac{1}{4} \times V = \dfrac{1}{12}V \quad \cdots ①$$

また，直線 OG と平面 ABC との交点を P とすると，ある実数 k に対して

$$\overrightarrow{OP} = k\overrightarrow{OG} = \frac{1}{3}k\vec{a} + \frac{1}{9}k\vec{b} + \frac{1}{12}k\vec{c} \quad \text{かつ} \quad \frac{1}{3}k + \frac{1}{9}k + \frac{1}{12}k = 1$$

が成り立つ。よって，$k = \frac{36}{19}$ であるから

$$\text{OP} : \text{GP} = 36 : (36-19) = 36 : 17$$

四面体 OABC と四面体 GABC の体積比は，線分 OP と線分 GP の長さの比に等しいから

$$V_2 = \frac{17}{36}V \quad \cdots ②$$

①，②より，$V_1 : V_2 = \frac{1}{12}V : \frac{17}{36}V = 3 : 17$

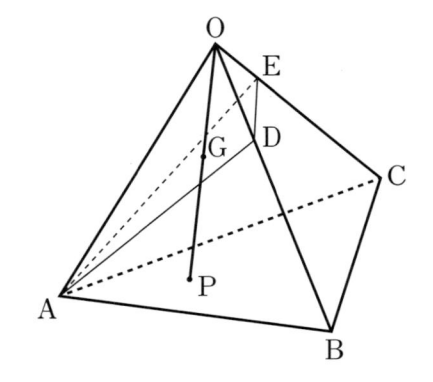

(答) 3 : 17

参考① 三角形の重心

△ABC の重心を G とするとき，$\overrightarrow{OG} = \dfrac{\overrightarrow{OA} + \overrightarrow{OB} + \overrightarrow{OC}}{3}$

参考② 共面条件

$\overrightarrow{OP} = \alpha\overrightarrow{OA} + \beta\overrightarrow{OB} + \gamma\overrightarrow{OC}$（$\alpha, \beta, \gamma$ は実数）について，次のことが成り立つ。

　　点 P が平面 ABC 上にある $\iff$ $\alpha + \beta + \gamma = 1$

問題3．

$a_n = \dfrac{1}{3^n} \sin \dfrac{2n\pi}{3}$，$S_N = \displaystyle\sum_{k=1}^{N} a_k$ とおく。m を正の整数とすると

$$\sin \frac{2n\pi}{3} = \begin{cases} \sin \dfrac{2(3m-2)\pi}{3} = \dfrac{\sqrt{3}}{2} & (n = 3m-2 \text{ のとき}) \\ \sin \dfrac{2(3m-1)\pi}{3} = -\dfrac{\sqrt{3}}{2} & (n = 3m-1 \text{ のとき}) \\ \sin \dfrac{2 \cdot 3m\pi}{3} = 0 & (n = 3m \text{ のとき}) \end{cases}$$

ここで

$$a_1 + a_2 + a_3 = \frac{1}{3} \cdot \frac{\sqrt{3}}{2} - \frac{1}{3^2} \cdot \frac{\sqrt{3}}{2} + 0 = \frac{\sqrt{3}}{3^2}$$

$$a_4 + a_5 + a_6 = \frac{1}{3^4} \cdot \frac{\sqrt{3}}{2} - \frac{1}{3^5} \cdot \frac{\sqrt{3}}{2} + 0 = \frac{\sqrt{3}}{3^5}$$

$$a_7 + a_8 + a_9 = \frac{1}{3^7} \cdot \frac{\sqrt{3}}{2} - \frac{1}{3^8} \cdot \frac{\sqrt{3}}{2} + 0 = \frac{\sqrt{3}}{3^8}$$

$$\vdots \qquad \vdots \qquad \vdots$$

$$a_{3m-2} + a_{3m-1} + a_{3m} = \frac{1}{3^{3m-2}} \cdot \frac{\sqrt{3}}{2} - \frac{1}{3^{3m-1}} \cdot \frac{\sqrt{3}}{2} + 0 = \frac{\sqrt{3}}{3^{3m-1}}$$

であるから，S_{3m} は初項 $S_3 = \frac{\sqrt{3}}{9}$，公比 $\frac{1}{27}$ の等比数列の初項から第 m 項までの和であり

$$\lim_{m \to \infty} S_{3m} = \frac{\sqrt{3}}{9} \cdot \frac{1}{1 - \frac{1}{27}} = \frac{3\sqrt{3}}{26}$$

また，$\displaystyle\lim_{m \to \infty} a_{3m-2} = \lim_{m \to \infty} a_{3m-1} = 0$ であるから

$$\lim_{m \to \infty} S_{3m-2} = \lim_{m \to \infty} S_{3m-1} = \frac{3\sqrt{3}}{26}$$

以上より，求める無限級数の和は，$\dfrac{3\sqrt{3}}{26}$ である。

（答） $\dfrac{3\sqrt{3}}{26}$

参考 無限等比級数の収束と発散

無限等比級数 $\displaystyle\sum_{k=1}^{\infty} ar^{k-1}$ は

・$a \neq 0$ のとき，$|r| < 1$ ならば収束して，その値は $\dfrac{a}{1-r}$

　　　　　　　$|r| \geqq 1$ ならば発散する。

・$a = 0$ のとき，収束して，その和は 0

問題4．

（1） $z^6 + z^5 + z^4 + z^3 + z^2 + z + 1 = 0$ の両辺に $z - 1$ をかけて

$z^7 - 1 = 0$　よって，$z^7 = 1$

第6回　2次：数理技能検定《解答・解説》

z は1の7乗根であるから，$|z|=1$

(答)　1

(2)　z と共役な複素数を $\bar{z}$ とすると
$$|z-2|^2+|z+2|^2=(z-2)\overline{(z-2)}+(z+2)\overline{(z+2)}$$
$$=(z-2)(\bar{z}-2)+(z+2)(\bar{z}+2)$$
$$=z\bar{z}-2z-2\bar{z}+4+z\bar{z}+2z+2\bar{z}+4$$
$$=2z\bar{z}+8=2|z|^2+8=10$$

(答)　10

別解　$z=a+bi$（a, b は実数）とおくと，$|z|=\sqrt{a^2+b^2}$ であるから，(1)より，$a^2+b^2=1$ が成り立つ。このとき
$$z-2=(a-2)+bi,\ z+2=(a+2)+bi$$
であるから
$$|z-2|^2+|z+2|^2=(a-2)^2+b^2+(a+2)^2+b^2=2(a^2+b^2)+8=10$$

> **参考** 共役な複素数と複素数の絶対値
>
> 複素数 $z=a+bi$（a, b は実数）とするとき，$\bar{z}=a-bi$ を共役な複素数という。
> ここで，$|z|^2=z\bar{z}$，$|z|=|\bar{z}|$ が成り立つ。

問題5．

n が偶数のとき，この図形の正方形の個数は奇数であり，与えられたピースを何個か使って埋めつくすことができる正方形の個数は偶数（4の倍数）であるから不可能である。

以下，n が奇数のとき，すなわち正の整数 k を用いて，$n=2k+1$ と表されるときについて考える。この図形の正方形の個数は，$(2k+1)^2-1=4(k^2+k)$ となるので，埋めつくすことが可能であるとすれば，使われるピースの数は (k^2+k) 個である。

ここで，次の図のように，隣り合う正方形が異なる色になるように白黒2色に色分けすると，ピース1つが埋める正方形は黒1個白3個，もしくは黒3個白1個である。

第6回　2次：数理技能検定《解答・解説》

前者のピースが x 個，後者のピースが y 個であるとすると，ピースの個数について

$$x+y=k^2+k \quad \cdots ①$$

黒い正方形の個数について

$$x+3y=(k+1)^2+k^2=2k^2+2k+1 \quad \cdots ②$$

①，②より

$$y=\frac{k^2+k+1}{2}=\frac{k(k+1)+1}{2}$$

ここで，$k(k+1)$ は連続する2つの整数の積であるから偶数であり，$k(k+1)+1$ は奇数となるから，y は整数とならず，矛盾する。以上から，不可能である。

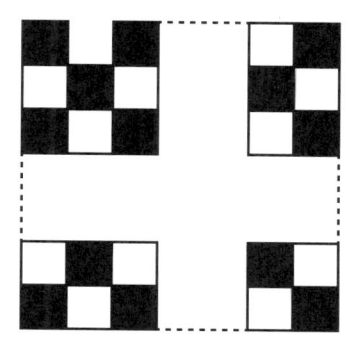

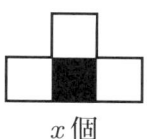

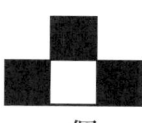

x 個　　y 個

参考 整数の性質（個数の法則）

②の式が思いつかない場合は，次のように n に小さい値を順に代入していき，数え方の法則を見つけるとよいだろう。

$n=3$ のとき
2^2+1^2（個）

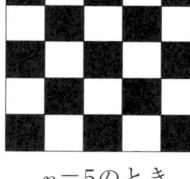

$n=5$ のとき
3^2+2^2（個）

$n=7$ のとき
4^2+3^2（個）

この法則から，$n=2k+1$ のとき，$(k+1)^2+k^2$ であるとわかる。

問題6．

$xy=32$ より，$y=\dfrac{32}{x}$ であるから

$$\log_2 y = \log_2 \frac{32}{x} = 5 - \log_2 x$$

$t=\log_2 x$ とおくと

$$z=t(5-t)=-t^2+5t=-\left(t-\frac{5}{2}\right)^2+\frac{25}{4}$$

ここで，$x \geq 2$, $y \geq 1$, $y = \dfrac{32}{x}$ より，$2 \leq x \leq 32$ であるから，$1 \leq t \leq 5$ であることに注意すると，下の図より，z は $t = \dfrac{5}{2}$ のとき最大値をとり，z は $t = 5$ のとき最小値をとることがわかる。

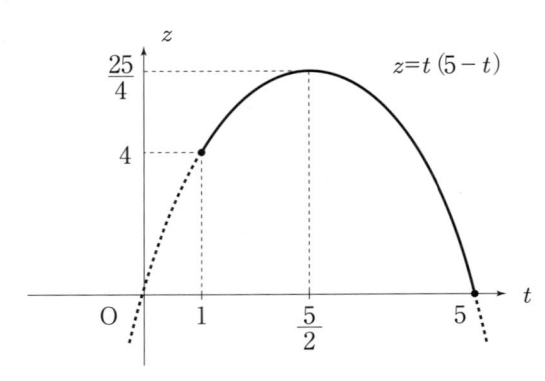

- $t = \dfrac{5}{2}$ のとき，最大値は $\dfrac{25}{4}$ であり，このときの x, y の値は

$$\dfrac{5}{2} = \log_2 x \quad x = 2^{\frac{5}{2}} = 4\sqrt{2}$$

$xy = 32$ より，$y = 4\sqrt{2}$

- $t = 5$ のとき，最小値は 0 であり，このときの x, y の値は

$$5 = \log_2 x \quad x = 2^5 = 32$$

$xy = 32$ より，$y = 1$

(答)　$\begin{cases} (x, y) = (4\sqrt{2}, 4\sqrt{2}) \text{ のとき，最大値 } \dfrac{25}{4} \\ (x, y) = (32, 1) \text{ のとき，最小値 } 0 \end{cases}$

問題7．

（1）　$y = 2\sqrt{4 - x^2} = 2(4 - x^2)^{\frac{1}{2}}$ より

$$y' = 2 \cdot \dfrac{1}{2}(4 - x^2)^{-\frac{1}{2}} \cdot (4 - x^2)' = -\dfrac{2x}{\sqrt{4 - x^2}}$$

y' の式に $x = 1$ を代入して，接線 l の傾きを求めると，$-\dfrac{2}{\sqrt{3}} = -\dfrac{2\sqrt{3}}{3}$

第6回　2次：数理技能検定《解答・解説》

よって，接線 l の方程式は
$$y = -\frac{2\sqrt{3}}{3}(x-1) + 2\sqrt{3} \qquad y = -\frac{2\sqrt{3}}{3}x + \frac{8\sqrt{3}}{3}$$
である。

(答)　$y = -\dfrac{2\sqrt{3}}{3}x + \dfrac{8\sqrt{3}}{3}$　$\left(y = -\dfrac{2}{\sqrt{3}}x + \dfrac{8}{\sqrt{3}}\text{ も可}\right)$

(2)　接線 l と x 軸との交点の x 座標は，$-\dfrac{2\sqrt{3}}{3}x + \dfrac{8\sqrt{3}}{3} = 0$ を解いて，$x = 4$

よって，求める面積 S は下の図の斜線部の面積である。

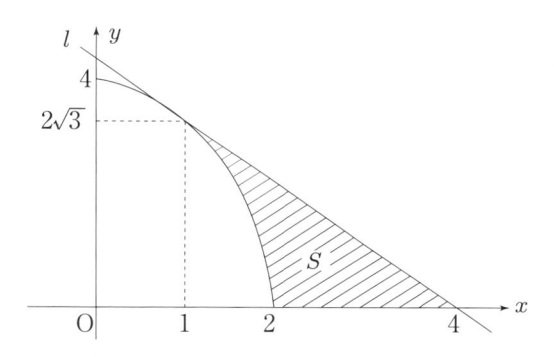

したがって
$$S = \int_1^4 \left(-\frac{2\sqrt{3}}{3}x + \frac{8\sqrt{3}}{3}\right)dx - \int_1^2 2\sqrt{4-x^2}\,dx \quad \cdots ①$$

ここで，$\displaystyle\int_1^4 \left(-\frac{2\sqrt{3}}{3}x + \frac{8\sqrt{3}}{3}\right)dx$ は下の図の斜線部分の面積を表す。

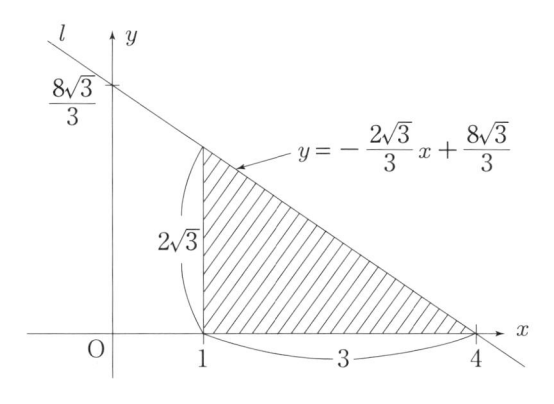

この面積は，底辺 3，高さ $2\sqrt{3}$ の三角形の面積と等しいので，その値は $3\sqrt{3}$ である。

133

第6回　2次：数理技能検定《解答・解説》

また，$\int_1^2 \sqrt{4-x^2}\,dx$ は下の図の斜線部分の面積を表す。

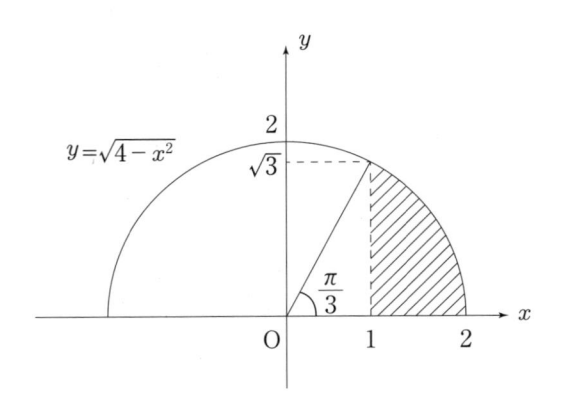

この面積は，半径 2，中心角 $\dfrac{\pi}{3}$ の扇形から底辺 1，高さ $\sqrt{3}$ の三角形を取り除いた図形の面積と等しいので

$$\int_1^2 \sqrt{4-x^2}\,dx = 2^2\pi \cdot \dfrac{1}{6} - \dfrac{1}{2} \cdot 1 \cdot \sqrt{3} = \dfrac{2}{3}\pi - \dfrac{\sqrt{3}}{2}$$

よって，①より

$$S = 3\sqrt{3} - 2\left(\dfrac{2}{3}\pi - \dfrac{\sqrt{3}}{2}\right) = 4\sqrt{3} - \dfrac{4}{3}\pi$$

（答）　$4\sqrt{3} - \dfrac{4}{3}\pi$

別解　$\int_1^2 \sqrt{4-x^2}\,dx$ は，$x = 2\sin\theta$ とおいて置換積分法を使って次のように求めることもできる。

$x = 2\sin\theta$ より，$dx = 2\cos\theta\,d\theta$

よって，右の表から

x	$1 \to 2$
θ	$\dfrac{\pi}{6} \to \dfrac{\pi}{2}$

$$\int_1^2 \sqrt{4-x^2}\,dx = \int_{\frac{\pi}{6}}^{\frac{\pi}{2}} \sqrt{4 - 4\sin^2\theta} \cdot 2\cos\theta\,d\theta$$

$$= \int_{\frac{\pi}{6}}^{\frac{\pi}{2}} 2\cos\theta \cdot 2\cos\theta\,d\theta = 4\int_{\frac{\pi}{6}}^{\frac{\pi}{2}} \cos^2\theta\,d\theta = 4\int_{\frac{\pi}{6}}^{\frac{\pi}{2}} \dfrac{1 + \cos 2\theta}{2}\,d\theta$$

$$= 2\left[\theta + \dfrac{1}{2}\sin 2\theta\right]_{\frac{\pi}{6}}^{\frac{\pi}{2}} = 2\left\{\left(\dfrac{\pi}{2} + \dfrac{1}{2}\cdot 0\right) - \left(\dfrac{\pi}{6} + \dfrac{1}{2}\cdot\dfrac{\sqrt{3}}{2}\right)\right\} = \dfrac{2}{3}\pi - \dfrac{\sqrt{3}}{2}$$

第7回

1次：計算技能検定《問題》　　　……　136
1次：計算技能検定《解答・解説》　……　138
2次：数理技能検定《問題》　　　……　143
2次：数理技能検定《解答・解説》　……　146

第7回 1次：計算技能検定 《問題》

問題1．

次の式を計算し，既約な分数式（これ以上約分できない分数式）の形で答えなさい。

$$\frac{x-1}{x^2-x+1} + \frac{2}{x^4+x^2+1}$$

問題2．

点$(3, 2)$を通り，円$x^2+y^2=4$に接する直線の方程式をすべて求めなさい。

問題3．

次の和を求めなさい。

$$\sum_{k=4}^{56}(k^2-3k)$$

問題4．

iを虚数単位とします．2つの複素数$z=1-i$と$w=\sqrt{3}+i$について，次の問いに答えなさい。

① 複素数$\dfrac{z}{w}$の絶対値を求めなさい。

② 複素数$\dfrac{z}{w}$の偏角θを求めなさい。ただし，$0 \leqq \theta < 2\pi$とします。

問題5.

次の問いに答えなさい。

① 次の不定積分を求めなさい。

$$\int \frac{x^3}{x+1}\,dx$$

② 次の定積分を求めなさい。

$$\int_1^3 \frac{x^3}{x+1}\,dx$$

問題6.

放物線 $x+y^2=0$ の焦点の座標を求めなさい。

問題7.

次の極限値を求めなさい。

$$\lim_{x\to\infty}\frac{2^{x-1}+3^{x-1}}{2^{x+1}-3^{x+1}}$$

第7回　1次：計算技能検定　《解答・解説》

問題1.

多項式 x^4+x^2+1 は

$$x^4+x^2+1=x^4+2x^2+1-x^2=(x^2+1)^2-x^2=(x^2+x+1)(x^2-x+1)$$

と因数分解できる（p.158 の 参考 を参照）。よって

$$\frac{x-1}{x^2-x+1}+\frac{2}{x^4+x^2+1}=\frac{(x-1)(x^2+x+1)}{(x^2-x+1)(x^2+x+1)}+\frac{2}{(x^2-x+1)(x^2+x+1)}$$

$$=\frac{x^3+1}{(x^2-x+1)(x^2+x+1)}=\frac{(x+1)(x^2-x+1)}{(x^2-x+1)(x^2+x+1)}=\frac{x+1}{x^2+x+1}$$

（答）　$\dfrac{x+1}{x^2+x+1}$

別解　（与式）$=\dfrac{(x+1)(x-1)}{(x+1)(x^2-x+1)}+\dfrac{2(x^2-1)}{(x^2-1)(x^4+x^2+1)}=\dfrac{x^2-1}{x^3+1}+\dfrac{2(x^2-1)}{x^6-1}$

$$=(x^2-1)\left\{\frac{1}{x^3+1}+\frac{2}{(x^3+1)(x^3-1)}\right\}=(x^2-1)\cdot\frac{x^3-1+2}{(x^3+1)(x^3-1)}$$

$$=\frac{x^2-1}{x^3-1}=\frac{(x-1)(x+1)}{(x-1)(x^2+x+1)}=\frac{x+1}{x^2+x+1}$$

問題2.

点 $(3,2)$ を通る直線と円 $x^2+y^2=4$ との接点を (α,β) とおくと、この円の接線の方程式は

$$\alpha x+\beta y=4 \quad \cdots ①$$

と表すことができる。この接線は点 $(3,2)$ を通るから

$$3\alpha+2\beta=4 \quad \cdots ②$$

を満たす。また接点 (α,β) は円 $x^2+y^2=4$ 上にあるから

$$\alpha^2+\beta^2=4 \quad \cdots ③$$

を満たす。②，③を連立して解くと、$(\alpha,\beta)=(0,2),\left(\dfrac{24}{13},-\dfrac{10}{13}\right)$ となる。

・$(\alpha,\beta)=(0,2)$ のとき、①より $2y=4$　　$y=2$

・$(\alpha,\beta)=\left(\dfrac{24}{13},-\dfrac{10}{13}\right)$ のとき、①より $\dfrac{24}{13}x-\dfrac{10}{13}y=4$　　$12x-5y-26=0$

（答） $y=2$, $12x-5y-26=0$

別解 点 $(3, 2)$ を通る直線のうち，$x=3$ は接線にならないから，求める直線は傾きを m として

$$y-2=m(x-3) \text{ より，} y=mx-3m+2 \quad \cdots ①$$

と表される。①を $x^2+y^2=4$ に代入すると

$$x^2+(mx+3m+2)^2=4 \qquad (1+m^2)x^2+2m(-3m+2)x+9m^2-12m=0$$

この2次方程式の判別式を D とすると

$$\frac{D}{4}=m^2(-3m+2)^2-(1+m^2)(9m^2-12m)$$

$$=m^2(9m^2-12m+4)-(9m^2-12m+9m^4-12m^3)$$

$$=-5m^2+12m=m(12-5m)$$

であり，円と直線が接するのは，$\frac{D}{4}=0$ のときであるから，$m=0$, $\frac{12}{5}$

これらの値を①に代入すると，$y=2$, $y=\frac{12}{5}x-\frac{26}{5}$ を得る。

参考 円の接線の方程式

円 $x^2+y^2=r^2$ 上の点 (α, β) における接線の方程式は，$\alpha x+\beta y=r^2$

問題3.

$$\sum_{k=1}^{n} k^2=\frac{n}{6}(n+1)(2n+1), \qquad \sum_{k=1}^{n} k=\frac{n}{2}(n+1)$$

であるから

$$\sum_{k=1}^{56}(k^2-3k)=\sum_{k=1}^{56}k^2-3\sum_{k=1}^{56}k=\frac{56}{6}(56+1)(2\times 56+1)-3\times\frac{56}{2}(56+1)$$

$$=60116-4788=55328$$

$$\sum_{k=1}^{3}(k^2-3k)=(1-3)+(4-6)+(9-9)=-4$$

よって

$$\sum_{k=4}^{56}(k^2-3k)=\sum_{k=1}^{56}(k^2-3k)-\sum_{k=1}^{3}(k^2-3k)=55328-(-4)=55332$$

（答） 55332

第7回 1次：計算技能検定《解答・解説》

> **参考 累乗の和の公式**
>
> 次の和の公式は覚えておくこと。
>
> $$\sum_{k=1}^{n} k = \frac{1}{2}n(n+1) \qquad \sum_{k=1}^{n} k^2 = \frac{1}{6}n(n+1)(2n+1) \qquad \sum_{k=1}^{n} k^3 = \left\{\frac{1}{2}n(n+1)\right\}^2$$
>
> a が定数のとき，$\sum_{k=1}^{n} a = a\sum_{k=1}^{n} 1 = an$ であることに注意する。

問題4．

① $z = 1-i$, $w = \sqrt{3}+i$ より

$$|z| = \sqrt{1^2+(-1)^2} = \sqrt{2}, \quad |w| = \sqrt{(\sqrt{3})^2+1^2} = 2$$

であるから

$$\left|\frac{z}{w}\right| = \frac{|z|}{|w|} = \frac{\sqrt{2}}{2}$$

(答) $\dfrac{\sqrt{2}}{2}$

別解
$$\frac{z}{w} = \frac{1-i}{\sqrt{3}+i} = \frac{(1-i)(\sqrt{3}-i)}{(\sqrt{3}+i)(\sqrt{3}-i)} = \frac{-1+\sqrt{3}}{4} - \frac{1+\sqrt{3}}{4}i$$

であるから

$$\left|\frac{z}{w}\right| = \sqrt{\left(\frac{-1+\sqrt{3}}{4}\right)^2 + \left(-\frac{1+\sqrt{3}}{4}\right)^2} = \frac{1}{4}\sqrt{(-1+\sqrt{3})^2+(1+\sqrt{3})^2} = \frac{\sqrt{2}}{2}$$

② ①より z, w の絶対値 $|z|$, $|w|$ が求まっているので，$0 \leqq \theta \leqq 2\pi$ から

$$z = 1-i = \sqrt{2}\left(\frac{1}{\sqrt{2}} - \frac{1}{\sqrt{2}}i\right) = \sqrt{2}\left(\cos\frac{7}{4}\pi + i\sin\frac{7}{4}\pi\right)$$

$$w = \sqrt{3}+i = 2\left(\frac{\sqrt{3}}{2} + \frac{1}{2}i\right) = 2\left(\cos\frac{1}{6}\pi + i\sin\frac{1}{6}\pi\right)$$

よって，z, w の偏角 $\arg z$, $\arg w$ は $\arg z = \dfrac{7}{4}\pi$, $\arg w = \dfrac{1}{6}\pi$ であるから

$$\theta = \arg\frac{z}{w} = \arg z - \arg w = \frac{7}{4}\pi - \frac{1}{6}\pi = \frac{19}{12}\pi$$

(答) $\dfrac{19}{12}\pi$

> **参考** 複素数の積と商
>
> 0でない2つの複素数 z_1, z_2 を極形式で
>
> $\quad z_1 = r_1(\cos\theta_1 + i\sin\theta_1)$, $\quad z_2 = r_2(\cos\theta_2 + i\sin\theta_2)$
>
> と表すとき,複素数 z_1, z_2 の積や商について,次のことが成り立つ。
>
> 積 $\quad z_1 z_2 = r_1 r_2\{\cos(\theta_1+\theta_2) + i\sin(\theta_1+\theta_2)\}$
>
> $\quad |z_1 z_2| = |z_1||z_2| = r_1 r_2$, $\quad \arg(z_1 z_2) = \arg z_1 + \arg z_2$
>
> 商 $\quad \dfrac{z_1}{z_2} = \dfrac{r_1}{r_2}\{\cos(\theta_1-\theta_2) + i\sin(\theta_1-\theta_2)\}$
>
> $\quad \left|\dfrac{z_1}{z_2}\right| = \dfrac{|z_1|}{|z_2|} = \dfrac{r_1}{r_2}$, $\quad \arg\dfrac{z_1}{z_2} = \arg z_1 - \arg z_2$

問題5.

① $x^3 = (x+1)(x^2-x+1) - 1$ より

$$\int \frac{x^3}{x+1}dx = \int \frac{(x+1)(x^2-x+1)-1}{x+1}dx = \int\left\{(x^2-x+1) - \frac{1}{x+1}\right\}dx$$

$$= \int(x^2-x+1)dx - \int\frac{1}{x+1}dx$$

$$= \frac{1}{3}x^3 - \frac{1}{2}x^2 + x - \log_e|x+1| + C \quad (C は積分定数)$$

(答) $\dfrac{1}{3}x^3 - \dfrac{1}{2}x^2 + x - \log_e|x+1| + C$ (Cは積分定数)

② ①より

$$\int_1^3 \frac{x^3}{x+1}dx = \left[\frac{1}{3}x^3 - \frac{1}{2}x^2 + x - \log_e|x+1|\right]_1^3$$

$$= \left(\frac{1}{3}\times 3^3 - \frac{1}{2}\times 3^2 + 3 - \log_e|3+1|\right) - \left(\frac{1}{3}\times 1^3 - \frac{1}{2}\times 1^2 + 1 - \log_e|1+1|\right)$$

$$= \left(9 - \frac{9}{2} + 3 - \log_e 4\right) - \left(\frac{1}{3} - \frac{1}{2} + 1 - \log_e 2\right)$$

$$= \frac{20}{3} - \log_e 2$$

(答) $\dfrac{20}{3} - \log_e 2$

第7回　1次：計算技能検定《解答・解説》

> **参考** x^n の不定積分
>
> ・$n \neq -1$ のとき，$\int x^n dx = \dfrac{1}{n+1}x^{n+1}+C$ （C は積分定数）
>
> ・$n = -1$ のとき，$\int x^{-1} dx = \int \dfrac{1}{x} dx = \log_e |x| + C$ （C は積分定数）

問題6．

$x+y^2=0$ より，$y^2=-x=4\cdot\left(-\dfrac{1}{4}\right)x$ であるから，焦点の座標は $\left(-\dfrac{1}{4},\ 0\right)$ である。

（答）　$\left(-\dfrac{1}{4},\ 0\right)$

> **参考** 放物線の性質
>
> 放物線 $y^2=4px\,(p\neq 0)$ について，次の性質が成り立つ。
>
> ・焦点は $(p,\ 0)$，準線の方程式は $x=-p$
>
> ・頂点は原点 $(0,\ 0)$，軸は x 軸

問題7．

$$\lim_{x\to\infty}\frac{2^{x-1}+3^{x-1}}{2^{x+1}-3^{x+1}}=\lim_{x\to\infty}\frac{(2^{x-1}+3^{x-1})\cdot\dfrac{1}{3^{x+1}}}{(2^{x+1}-3^{x+1})\cdot\dfrac{1}{3^{x+1}}}=\lim_{x\to\infty}\frac{\dfrac{2^{x-1}}{3^{x+1}}+\dfrac{3^{x-1}}{3^{x+1}}}{\dfrac{2^{x+1}}{3^{x+1}}-\dfrac{3^{x+1}}{3^{x+1}}}=\lim_{x\to\infty}\frac{\dfrac{1}{9}\cdot\left(\dfrac{2}{3}\right)^{x-1}+\dfrac{1}{9}}{\left(\dfrac{2}{3}\right)^{x+1}-1}=\frac{\dfrac{1}{9}\cdot 0+\dfrac{1}{9}}{0-1}$$

$$=-\dfrac{1}{9}$$

（答）　$-\dfrac{1}{9}$

> **参考** 指数関数 $\{a^x\}\,(a>0,\ a\neq 1)$ の極限
>
> ・$a>1$ のとき，$\displaystyle\lim_{x\to\infty}a^x=\infty$，　$\displaystyle\lim_{x\to-\infty}a^x=0$
>
> ・$0<a<1$ のとき，$\displaystyle\lim_{x\to\infty}a^x=0$，　$\displaystyle\lim_{x\to-\infty}a^x=\infty$

第7回 2次：数理技能検定
《問題》

問題1．（選択）

次の問いに答えなさい。
（1） 4次式 $x(x+1)(x+2)(x+3)+1$ を，係数が有理数の範囲で因数分解しなさい。
（2） m^2（m は整数）の形の数を平方数といいます。連続する4個の正の整数の積が平方数になることはありますか。理由をつけて答えなさい。

問題2．（選択）

平面上の3つの単位ベクトル $\vec{a}$, $\vec{b}$, $\vec{c}$ が

$$\vec{a}\cdot\vec{b}+\vec{b}\cdot\vec{c}+\vec{c}\cdot\vec{a}=-1$$

を満たすとき，次の問いに答えなさい。
（1） 2つのベクトル $\vec{a}+\vec{b}$ と $\vec{b}+\vec{c}$ の内積の値を求めなさい。
（2） $\vec{a}+\vec{b}=\vec{0}$ または $\vec{b}+\vec{c}=\vec{0}$ または $\vec{c}+\vec{a}=\vec{0}$ が成り立つことを示しなさい。

（証明技能）

問題3．（選択）

xy 平面上に，点 $A(1, 0)$ を通る楕円 $x^2+4y^2=1$ があります。この楕円と直線 $x=k$（ただし，$0<k<1$）との2つの交点を，y 座標の大きいほうから順に P，Q とします。3点 A，P，Q を通る円の半径を $R(k)$ とするとき，次の極限を調べなさい。

$$\lim_{k\to 1-0} R(k)$$

第7回　2次：数理技能検定《問題》

問題4．（選択）

実数を成分とする2次正方行列 $A = \begin{pmatrix} p & q \\ q & r \end{pmatrix}$ で，$A^3 = E$ を満たすものをすべて求めなさい。ただし，E は単位行列を表します。

問題5．（選択）

下の図1は，4つの○を線分で結んだ図形です。この○に，たとえば図2のように数をあてはめ，線分で結ばれた2数の差の絶対値をとると，1から4までの整数がすべてあらわれます（図3）。
8つの○を，図4のように線分で結び，○に

　　0，1，2，3，4，7，9，12

を1つずつあてはめて，次の条件が成り立つようにします。

　（条件）　線分で結ばれた2数の差の絶対値をとると，1から12までの整数がすべて
　　　　　あらわれる。

図5のように，左上の○に0をあてはめるとき，残りの7数のあてはめ方で，上の条件およびA＜Bを満たすものは全部で3通りあります。それらをすべて求め，解答用紙に図示しなさい。
この問題は解法の過程を記述せずに，答えの図だけをかいてください。　　　　　　　　　（整理技能）

図1　　　図2 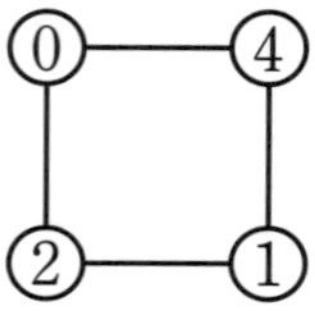　　　図3 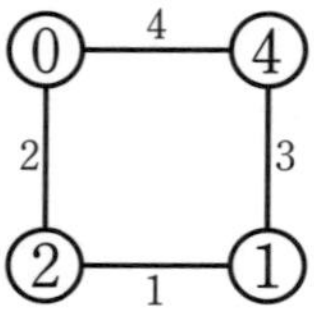　　　図4 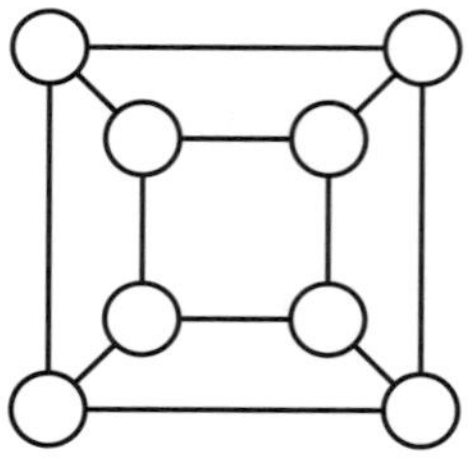　　　図5

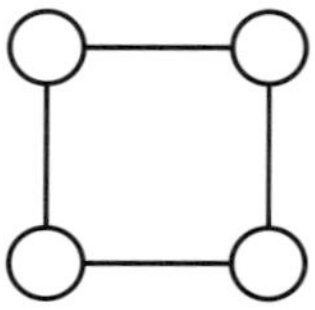

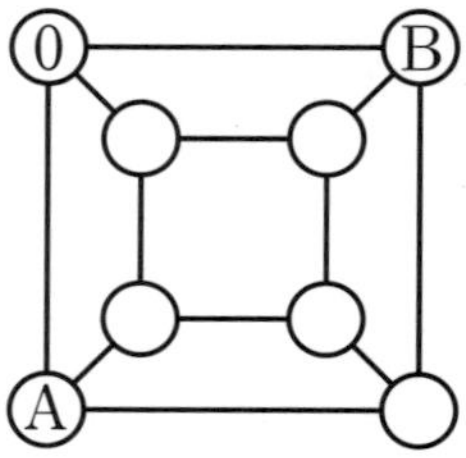

第7回　2次：数理技能検定《問題》

問題6．（必須）

$0 \leqq \alpha < 2\pi$, $0 \leqq \beta < 2\pi$, $0 \leqq \gamma < 2\pi$ のとき

$$\sin(\alpha+\beta+\gamma) - \sin(-\alpha+\beta+\gamma) - \sin(\alpha-\beta+\gamma) - \sin(\alpha+\beta-\gamma)$$

を，$\sin\alpha$, $\sin\beta$, $\sin\gamma$ のなるべく簡単な式で表しなさい。　　　　　　（表現技能）

問題7．（必須）

球と立方体が1つずつあります。この2つの立体が，表面積の和を一定の値 $C(>0)$ に保ちながら，さまざまに大きさを変えるとき，球の半径を r, 球と立方体の体積の和を V として，次の問いに答えなさい。

（1）　V を r を用いて表しなさい。　　　　　　　　　　　　　　　　　　　　（表現技能）

（2）　V の増減を調べ，その最小値を求めなさい。また，V が最小値をとるときの

$$\frac{(球の半径)}{(立方体の1辺の長さ)}$$

の値も求めなさい。

第7回 2次：数理技能検定 《解答・解説》

問題1.

（1） 以下のように工夫して4次式を因数分解する。
$$x(x+1)(x+2)(x+3)+1 = x(x+3) \times (x+1)(x+2)+1$$
$$= (x^2+3x) \times (x^2+3x+2)+1 = (x^2+3x)^2 + 2(x^2+3x)+1$$
$$= (x^2+3x+1)^2$$

次に，$(x^2+3x+1)^2$ が有理数の範囲でさらに因数分解ができるかどうか調べる。

有理数の範囲で因数分解できるならば，方程式 $x^2+3x+1=0$ は有理数の解をもつ。

方程式 $x^2+3x+1=0$ の解は2次方程式の解の公式より，$x = \dfrac{-3 \pm \sqrt{5}}{2}$ と求められるが，これは無理数である。

したがって，係数が有理数の範囲ではこれ以上因数分解することはできない。

（答） $(x^2+3x+1)^2$

（2） 連続する4個の正の整数のうちでもっとも小さい整数を n とおくと，連続する4個の正の整数はそれぞれ n, $n+1$, $n+2$, $n+3$ となる。

この4個の正の整数の積が平方数 m^2 になったと仮定すると
$$n(n+1)(n+2)(n+3) = m^2 \quad (m \neq 0) \quad \cdots ①$$
となる。（1）より
$$n(n+1)(n+2)(n+3) = (n^2+3n+1)^2 - 1$$
となるから，①より
$$(n^2+3n+1)^2 - m^2 = 1 \quad \cdots ②$$
が成り立つ。ここで，②の左辺は，$(n^2+3n+1+m)(n^2+3n+1-m)$ となる。

n, m はともに正の整数であるから，$n^2+3n+1+m$ と $n^2+3n+1-m$ はともに整数であり，かついずれも 1 か -1 のいずれかに等しいが，$n^2+3n+1+m$ は正の数であるからともに 1 に等しいことになる。

ここで，$n^2+3n+1+m=1$, $n^2+3n+1-m=1$ について辺々の差をとると，$m=0$ となって $m \neq 0$ に矛盾する。

よって背理法より，連続する4個の正の整数の積は平方数にならない。

別解 $n(n+1)(n+2)(n+3)=(n^2+3n+1)^2-1$

よって，連続する 4 個の正の整数の積は必ず平方数より 1 小さい数となる。

ここで，正の数を 2 乗した平方数の差を考える。連続する正の整数を k, $k+1$ として
$$(k+1)^2-k^2=k^2+2k+1-k^2=2k+1\geqq 3$$

よって，正の数を 2 乗した平方数の差は 3 以上となるので，正の数 n^2+3n+1 の平方数より 1 小さい数は平方数にならない。

以上から，連続する 4 個の正の整数の積は平方数にならない。

参考 背理法

ある命題を証明するとき，その命題が成り立たないと仮定すると矛盾が生じることを示すことによって，もとの命題が成り立つことを証明する方法を背理法という。

問題2．

（1） $(\vec{a}+\vec{b})\cdot(\vec{b}+\vec{c})=\vec{a}\cdot\vec{b}+\vec{a}\cdot\vec{c}+\vec{b}\cdot\vec{b}+\vec{b}\cdot\vec{c}=(\vec{a}\cdot\vec{b}+\vec{b}\cdot\vec{c}+\vec{c}\cdot\vec{a})+|\vec{b}|^2=(-1)+1^2=0$

（答）　0

（2）　$\vec{a}+\vec{b}$, $\vec{b}+\vec{c}$, $\vec{c}+\vec{a}$ のいずれも $\vec{0}$ ではないと仮定する。

（1）より，$\vec{a}+\vec{b}$ と $\vec{b}+\vec{c}$ は直交する。したがって，この 2 つのベクトルは 1 次独立であり，$\vec{c}+\vec{a}$ は $\vec{a}+\vec{b}$ と $\vec{b}+\vec{c}$ の 1 次結合で表される。すなわち，s, t を実数として
$$\vec{c}+\vec{a}=s(\vec{a}+\vec{b})+t(\vec{b}+\vec{c}) \quad \cdots ①$$
と表される。

$(\vec{c}+\vec{a})\cdot(\vec{a}+\vec{b})$ と $(\vec{c}+\vec{a})\cdot(\vec{b}+\vec{c})$ の内積を（1）と同様に求めると
$$(\vec{c}+\vec{a})\cdot(\vec{a}+\vec{b})=\vec{a}\cdot\vec{b}+\vec{b}\cdot\vec{c}+\vec{c}\cdot\vec{a}+|\vec{a}|^2=(-1)+1^2=0$$
$$(\vec{c}+\vec{a})\cdot(\vec{b}+\vec{c})=\vec{a}\cdot\vec{b}+\vec{b}\cdot\vec{c}+\vec{c}\cdot\vec{a}+|\vec{c}|^2=(-1)+1^2=0$$

①の辺々に，$\vec{c}+\vec{a}$ との内積をとると
$$(\vec{c}+\vec{a})\cdot(\vec{c}+\vec{a})=\{s(\vec{a}+\vec{b})+t(\vec{b}+\vec{c})\}\cdot(\vec{c}+\vec{a})$$
$$|\vec{c}+\vec{a}|^2=s(\vec{a}+\vec{b})\cdot(\vec{c}+\vec{a})+t(\vec{b}+\vec{c})\cdot(\vec{c}+\vec{a})=0+0=0$$

したがって，$\vec{c}+\vec{a}=\vec{0}$ であるが，これは $\vec{c}+\vec{a}\neq\vec{0}$ に矛盾する。

よって，$\vec{a}+\vec{b}=\vec{0}$ または $\vec{b}+\vec{c}=\vec{0}$ または $\vec{c}+\vec{a}=\vec{0}$ が成り立つ。

別解 $\vec{a}+\vec{b}$, $\vec{b}+\vec{c}$, $\vec{c}+\vec{a}$ のいずれも $\vec{0}$ ではないと仮定する。

このとき，$(\vec{a}+\vec{b})\cdot(\vec{b}+\vec{c})=0$ かつ $(\vec{a}+\vec{b})\cdot(\vec{c}+\vec{a})=0$ より，$(\vec{a}+\vec{b}) \perp (\vec{b}+\vec{c})$ かつ $(\vec{a}+\vec{b}) \perp (\vec{c}+\vec{a})$ であるから，$\vec{b}+\vec{c}$ と $\vec{c}+\vec{a}$ は平行である。

しかし，$(\vec{b}+\vec{c})\cdot(\vec{c}+\vec{a})=0$ より，$(\vec{b}+\vec{c}) \perp (\vec{c}+\vec{a})$ であり，矛盾する。

問題3．

まず楕円と直線 $x=k$ の交点 P，Q の座標を求める。連立方程式 $\begin{cases} x^2+4y^2=1 \\ x=k \end{cases}$ について，x を消去すると $y^2=\dfrac{1-k^2}{4}$ となるから，$\mathrm{P}\left(k, \dfrac{\sqrt{1-k^2}}{2}\right)$, $\mathrm{Q}\left(k, -\dfrac{\sqrt{1-k^2}}{2}\right)$ である。

$\triangle$APQ は x 軸について対称な二等辺三角形であり，3点 A，P，Q を通る円（$\triangle$APQ の外接円）の中心 C は，線分 AP の垂直二等分線 l と x 軸の交点に一致する。したがって，点 C の y 座標は 0 である。

直線 AP の傾きは，$\dfrac{0-\dfrac{\sqrt{1-k^2}}{2}}{1-k}=-\dfrac{\sqrt{1-k^2}}{2(1-k)}$ であるから，直線 l の傾きは，$\dfrac{2(1-k)}{\sqrt{1-k^2}}$ である。

また，線分 AP の中点 M の座標は $\mathrm{M}\left(\dfrac{1+k}{2}, \dfrac{\sqrt{1-k^2}}{4}\right)$ であるから，直線 l の方程式は

$$y=\dfrac{2(1-k)}{\sqrt{1-k^2}}\left(x-\dfrac{1+k}{2}\right)+\dfrac{\sqrt{1-k^2}}{4}$$

となる。点 C の y 座標は 0 であるので，点 C の x 座標は

$$0=\dfrac{2(1-k)}{\sqrt{1-k^2}}\left(x-\dfrac{1+k}{2}\right)+\dfrac{\sqrt{1-k^2}}{4} \qquad x-\dfrac{1+k}{2}=\dfrac{\sqrt{1-k^2}}{4}\times\left(-\dfrac{\sqrt{1-k^2}}{2(1-k)}\right)$$

$$x-\dfrac{1+k}{2}=-\dfrac{1-k^2}{8(1-k)} \qquad x=-\dfrac{1+k}{8}+\dfrac{1+k}{2}=\dfrac{3(1+k)}{8}$$

であるから，$\triangle$APQ の外接円の半径 $R(k)$ は

$$R(k)=1-\dfrac{3(1+k)}{8}=\dfrac{5-3k}{8}$$

したがって，$\displaystyle\lim_{x \to 1-0} R(k)=\lim_{x \to 1-0}\dfrac{5-3k}{8}=\dfrac{2}{8}=\dfrac{1}{4}$ である。

（答） $\dfrac{1}{4}$

問題4.

$E=\begin{pmatrix} 1 & 0 \\ 0 & 1 \end{pmatrix}$, $O=\begin{pmatrix} 0 & 0 \\ 0 & 0 \end{pmatrix}$ とする。

$A=\begin{pmatrix} p & q \\ q & r \end{pmatrix}$ について，ケーリー・ハミルトンの定理より

$$A^2-(p+r)A+(pr-q^2)E=O$$

すなわち

$$A^2=(p+r)A-(pr-q^2)E \quad \cdots ①$$

が成り立つ。等式①の両辺に行列 A をかけて再び①を用いると

$$A^3=(p+r)A^2-(pr-q^2)A$$
$$=(p+r)\{(p+r)A-(pr-q^2)E\}-(pr-q^2)A$$
$$=(p^2+pr+r^2+q^2)A-(p+r)(pr-q^2)E$$

これが単位行列 E に等しいので

$$E=(p^2+pr+r^2+q^2)A-(p+r)(pr-q^2)E$$

より

$$(p^2+pr+r^2+q^2)A=\{(p+r)(pr-q^2)+1\}E \quad \cdots ②$$

が成り立つ。

ここで，もし A の係数 $p^2+pr+r^2+q^2$ を p についての2次式として

$$p^2+pr+r^2+q^2=\left(p+\frac{r}{2}\right)^2-\frac{r^2}{4}+q^2+r^2$$
$$=\left(p+\frac{r}{2}\right)^2+q^2+\frac{3r^2}{4}$$

が0に等しいとすると，p, q, r が実数であることから

$$p+\frac{r}{2}=0, \ q=0, \ r=0 \text{ すなわち, } p=q=r=0$$

が成り立つ。このとき，$A=O$ となり，$A^3=E$ を満たさないから

$$p^2+pr+r^2+q^2 \neq 0$$

このとき②より，$A=kE$（k は実数）とおくことができる。

これが $A^3=E$ を満たすのは，$A^3=k^3E$ より $k^3=1$，すなわち $k=1$ のときに限る。

逆に $A=E$ が $A^3=E$ を満たすことはすぐわかる。

以上から，$A^3=E$ を満たす行列 A は，$A=E$ である。

（答） $A=E$

第7回　2次：数理技能検定《解答・解説》

> **参考** ケーリー・ハミルトンの定理
>
> 行列 $A = \begin{pmatrix} a & b \\ c & d \end{pmatrix}$ に対して，等式 $A^2 - (a+d)A + (ad-bc)E = O$ が成り立つ。

問題5.

線分で結ぶ2数の組を考える。どの数も他の3つの数としか組になれないことに注意する。

・2数の差の絶対値が12になるのは，12と0の組
・2数の差の絶対値が11になるのは，12と1の組
・2数の差の絶対値が10になるのは，12と2の組

したがって，12と組になる数は0，1，2の3つであることがわかる。
ここから考えられる図形は次の3つの場合である。

① 0の右に12をあてはめて，12の下に1をあてはめる場合
② 0の右に12をあてはめて，12の下に2をあてはめる場合
③ 0の右下に12をあてはめる場合

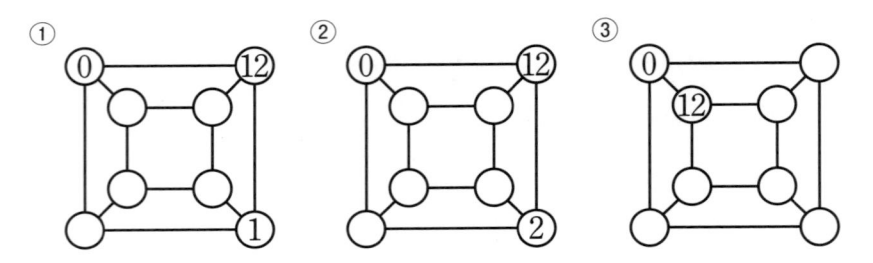

また，12を含む組はすでに3組決定しているため
・2数の差の絶対値が9になるのは，9と0の組
・2数の差の絶対値が8になるのは，9と1の組

①のとき，9は0と1の両方と組になるため，0の下に9をあてはめて，12の左下に2をあてはめる。ここで2と9が組にならないことから，0の右下に7をあてはめることになる。残り2数は3と4であるが，この2数の差の絶対値は1であるから，2の下に3をあてはめることはできない。
したがって7の下に3をあてはめて，3の右に4をあてはめることで図形が完成する。
②のとき，9は0と1の両方と組になるため，0の右下に9をあてはめて，12の左下に1をあてはめる。ここで2と9が組にならないことから，0の下に7をあてはめることになる。

150

残り2数は3と4であるが，この2数の差の絶対値は1であるから，2の左上に3をあてはめることはできない。
したがって2の左上に4をあてはめて，4の左に3をあてはめることで図形が完成する。
③のとき，9は0と1の両方と組になるため，0の右に9をあてはめて，12の右に1, 12の下に2をそれぞれあてはめる。ここで2と9が組にならないことから，0の下に7をあてはめることになる。残り2数は3と4であるが，この2数の差の絶対値は1であるから，2の右に3をあてはめることはできない。したがって2の右に4をあてはめて，4の右下に3をあてはめることで図形が完成する。

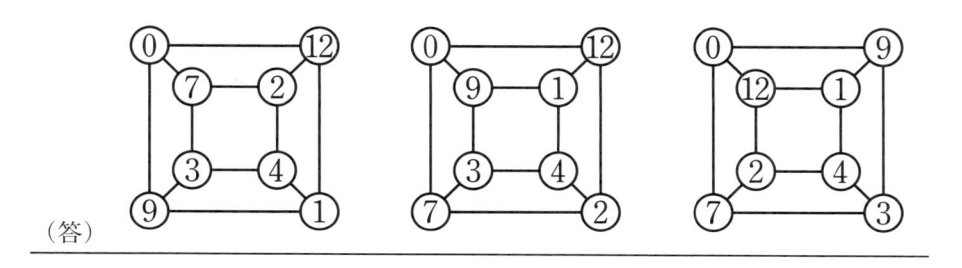

(答)

問題6．

三角関数の加法定理より

$\sin(\alpha+\beta+\gamma) = \sin(\alpha+\beta)\cos\gamma + \cos(\alpha+\beta)\sin\gamma$
$= (\sin\alpha\cos\beta + \cos\alpha\sin\beta)\cos\gamma + (\cos\alpha\cos\beta - \sin\alpha\sin\beta)\sin\gamma$
$= \sin\alpha\cos\beta\cos\gamma + \cos\alpha\sin\beta\cos\gamma + \cos\alpha\cos\beta\sin\gamma - \sin\alpha\sin\beta\sin\gamma$

ここで表記を簡単にするため

$A = \sin\alpha\cos\beta\cos\gamma, \quad B = \cos\alpha\sin\beta\cos\gamma$
$C = \cos\alpha\cos\beta\sin\gamma, \quad D = \sin\alpha\sin\beta\sin\gamma$

とおくと

$\sin(\alpha+\beta+\gamma) = A + B + C - D \quad \cdots ①$

①において，α を $-\alpha$ で置き換えると

$\sin(-\alpha+\beta+\gamma) = -A + B + C + D \quad \cdots ②$

①において，β を $-\beta$ で置き換えると

$\sin(\alpha-\beta+\gamma) = A - B + C + D \quad \cdots ③$

①において，γ を $-\gamma$ で置き換えると

$\sin(\alpha+\beta-\gamma) = A + B - C + D \quad \cdots ④$

第7回　2次：数理技能検定《解答・解説》

①－②－③－④より

$\sin(\alpha+\beta+\gamma)-\sin(-\alpha+\beta+\gamma)-\sin(\alpha-\beta+\gamma)-\sin(\alpha+\beta-\gamma)$
$=(A+B+C-D)-(-A+B+C+D)-(A-B+C+D)-(A+B-C+D)$
$=-4D$
$=-4\sin\alpha\sin\beta\sin\gamma$

(答)　$-4\sin\alpha\sin\beta\sin\gamma$

別解　$\sin(\alpha+\beta+\gamma)-\sin(-\alpha+\beta+\gamma)=\sin(\alpha+\beta+\gamma)+\sin\{\alpha-(\beta+\gamma)\}$
$=\sin\alpha\cos(\beta+\gamma)+\cos\alpha\sin(\beta+\gamma)+\sin\alpha\cos(\beta+\gamma)-\cos\alpha\sin(\beta+\gamma)$
$=2\sin\alpha\cos(\beta+\gamma)$

であり

$-\sin(\alpha-\beta+\gamma)-\sin(\alpha+\beta-\gamma)=\sin(\beta-\gamma-\alpha)-\sin(\beta-\gamma+\alpha)$
$=\sin(\beta-\gamma)\cos\alpha-\cos(\beta-\gamma)\sin\alpha-\sin(\beta-\gamma)\cos\alpha-\cos(\beta-\gamma)\sin\alpha$
$=-2\sin\alpha\cos(\beta-\gamma)$

であるから

$\sin(\alpha+\beta+\gamma)-\sin(-\alpha+\beta+\gamma)-\sin(\alpha-\beta+\gamma)-\sin(\alpha+\beta-\gamma)$
$=2\sin\alpha\cos(\beta+\gamma)-2\sin\alpha\cos(\beta-\gamma)$
$=2\sin\alpha\{\cos(\beta+\gamma)-\cos(\beta-\gamma)\}$
$=2\sin\alpha(-2\sin\beta\sin\gamma)$
$=-4\sin\alpha\sin\beta\sin\gamma$

参考①　$-\theta$ の三角比

$\sin(-\theta)=-\sin\theta,\quad \cos(-\theta)=\cos\theta,\quad \tan(-\theta)=-\tan\theta$

参考②　三角関数の加法定理

$\sin(\alpha+\beta)=\sin\alpha\cos\beta+\cos\alpha\sin\beta$
$\cos(\alpha+\beta)=\cos\alpha\cos\beta-\sin\alpha\sin\beta$
$\tan(\alpha+\beta)=\dfrac{\tan\alpha+\tan\beta}{1-\tan\alpha\tan\beta}$

第7回　2次：数理技能検定《解答・解説》

問題7.

（1）立方体の1辺の長さを $x(>0)$ とすると

$$C = 4\pi r^2 + 6x^2 \quad \cdots ① \qquad V = \frac{4}{3}\pi r^3 + x^3 \quad \cdots ②$$

と表される。ここで，等式①を x について解くと，$x = \sqrt{\dfrac{C-4\pi r^2}{6}}$ である。

また等式①より $C > 4\pi r^2$ であるから，r のとりうる値の範囲は，$0 < r < \dfrac{1}{2}\sqrt{\dfrac{C}{\pi}}$ である。

等式②に，$x = \sqrt{\dfrac{C-4\pi r^2}{6}}$ を代入すると

$$V = \frac{4}{3}\pi r^3 + x^3 = \frac{4}{3}\pi r^3 + \left(\sqrt{\frac{C-4\pi r^2}{6}}\right)^3 = \frac{4}{3}\pi r^3 + \left(\frac{C-4\pi r^2}{6}\right)^{\frac{3}{2}}$$

（答）　$V = \dfrac{4}{3}\pi r^3 + \left(\dfrac{C-4\pi r^2}{6}\right)^{\frac{3}{2}}$

（2）（1）の結果より，V を r の関数とみると

$$\frac{dV}{dr} = \frac{4}{3}\pi(r^3)' + \frac{3}{2}\left(\frac{C-4\pi r^2}{6}\right)^{\frac{1}{2}}\left(\frac{C-4\pi r^2}{6}\right)' = 4\pi r^2 + \frac{3}{2}\left(\frac{C-4\pi r^2}{6}\right)^{\frac{1}{2}}\left(-\frac{4}{3}\pi r\right)$$

$$= 4\pi r^2 - 2\pi r\sqrt{\frac{C-4\pi r^2}{6}} = 4\pi r\left(r - \frac{1}{2}\sqrt{\frac{C-4\pi r^2}{6}}\right)$$

であるから，$0 < r < \dfrac{1}{2}\sqrt{\dfrac{C}{\pi}}$ の区間において $\dfrac{dV}{dr} = 0$ となるのは，$r = \dfrac{1}{2}\sqrt{\dfrac{C-4\pi r^2}{6}}$ のときであり，これを r について解くと

$$r^2 = \frac{C-4\pi r^2}{24} \qquad 24r^2 = C - 4\pi r^2 \qquad 4(\pi+6)r^2 = C \qquad r = \frac{1}{2}\sqrt{\frac{C}{\pi+6}}$$

よって，$0 < r < \dfrac{1}{2}\sqrt{\dfrac{C}{\pi}}$ における V の増減表は，以下のようになる。

r	0	$\cdots$	$\dfrac{1}{2}\sqrt{\dfrac{C}{\pi+6}}$	$\cdots$	$\dfrac{1}{2}\sqrt{\dfrac{C}{\pi}}$
$\dfrac{dV}{dr}$		$-$	0	$+$	
V		↘	極小	↗	

これより，$r=\dfrac{1}{2}\sqrt{\dfrac{C}{\pi+6}}$ のとき，V は最小となり，最小値は

$$\dfrac{4}{3}\pi\left(\dfrac{1}{2}\sqrt{\dfrac{C}{\pi+6}}\right)^3+\left\{\dfrac{C-4\pi\left(\dfrac{1}{2}\sqrt{\dfrac{C}{\pi+6}}\right)^2}{6}\right\}^{\frac{3}{2}}$$

$$=\dfrac{4}{3}\pi\cdot\dfrac{1}{8}\left(\dfrac{C}{\pi+6}\right)^{\frac{3}{2}}+\left(\dfrac{C-4\pi\cdot\dfrac{1}{4}\cdot\dfrac{C}{\pi+6}}{6}\right)^{\frac{3}{2}}$$

$$=\dfrac{\pi}{6}\left(\dfrac{C}{\pi+6}\right)^{\frac{3}{2}}+\left(\dfrac{C(\pi+6)-\pi C}{6(\pi+6)}\right)^{\frac{3}{2}}=\dfrac{\pi}{6}\left(\dfrac{C}{\pi+6}\right)^{\frac{3}{2}}+\left(\dfrac{C}{\pi+6}\right)^{\frac{3}{2}}$$

$$=\left(\dfrac{\pi}{6}+1\right)\cdot\dfrac{C}{\pi+6}\cdot\dfrac{\sqrt{C}}{\sqrt{\pi+6}}=\dfrac{C\sqrt{C}}{6\sqrt{\pi+6}}$$

またこのとき

$$x=\sqrt{\dfrac{C-4\pi r^2}{6}}=\sqrt{\dfrac{C-4\pi\cdot\dfrac{C}{4(\pi+6)}}{6}}=\sqrt{\dfrac{C(\pi+6)-\pi C}{6(\pi+6)}}=\sqrt{\dfrac{C}{\pi+6}}=2r$$

より，$\dfrac{r}{x}=\dfrac{1}{2}$ である。

（答）　最小値 $\dfrac{C\sqrt{C}}{6\sqrt{\pi+6}}$，$\dfrac{r}{x}=\dfrac{1}{2}$

|参考| 球の表面積と体積

球の半径を $r(>0)$ とするとき，球の表面積 S と体積 V は次の式で与えられる。

$$S=4\pi r^2,\quad V=\dfrac{4}{3}\pi r^3$$

本問の結果から，球と立方体の表面積の和が一定の値を保ちながら大きさを変えるとき，体積の和が最小となるのは球の直径と立方体の1辺が等しいときだといえる。

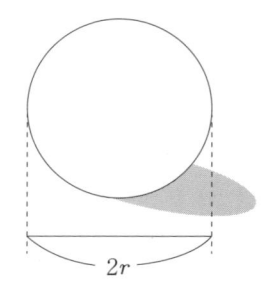

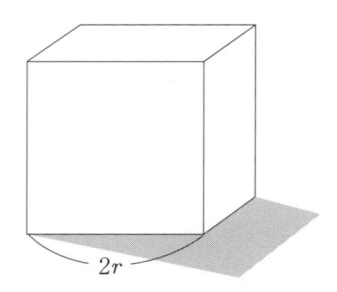

第 8 回

1次：計算技能検定《問題》　　　……　156
1次：計算技能検定《解答・解説》　……　158
2次：数理技能検定《問題》　　　……　163
2次：数理技能検定《解答・解説》　……　166

実用数学技能検定　準1級［完全解説問題集］　発見

第8回 1次：計算技能検定 《問題》

問題1.

整式 x^8+x^4+1 を整式 x^2+x+1 で割ったときの商を求めなさい（余りは0になります）。

問題2.

5つの実数 $1, a, b, c, 9$ がこの順番で等比数列をなすとき，a のとり得る値を求めなさい（b, c の値を答える必要はありません）。

問題3.

空間内の3つの単位ベクトル $\vec{a}, \vec{b}, \vec{c}$ が $\vec{a}\perp\vec{b}$ かつ $\vec{b}\perp\vec{c}$ かつ $\vec{c}\perp\vec{a}$ を満たすとします。2つのベクトル $\vec{a}+2\vec{b}+3\vec{c}$ と $3\vec{a}+\vec{b}-2\vec{c}$ のなす角 θ について，$\cos\theta$ の値を求めなさい。

問題4.

i を虚数単位とします。複素数 $z=\dfrac{\sqrt{3}}{2}-\dfrac{1}{2}i$ について，次の問いに答えなさい。

① z の偏角 θ を求めなさい。ただし，$0\leqq\theta<2\pi$ とします。

② $z^5+\dfrac{1}{z^5}=a+bi$ を満たす実数 a, b の値をそれぞれ求めなさい。

問題５．

次の問いに答えなさい。ただし，e は自然対数の底を表します。

① 次の不定積分を求めなさい。

$$\int \frac{1}{x^2 e^{\frac{1}{x}}}\, dx$$

② 次の定積分を求めなさい。

$$\int_{\frac{1}{2}}^{1} \frac{1}{x^2 e^{\frac{1}{x}}}\, dx$$

問題６．

xy 平面上の双曲線 $x^2 - y^2 = 2$ について，焦点の座標を求めなさい。

問題７．

次の極限値を求めなさい。

$$\lim_{x \to 0} \frac{1}{x} \left(\frac{1}{\sin x} - \frac{1}{\tan x} \right)$$

第8回 1次：計算技能検定 《解答・解説》

問題1.

右の図のように，筆算で
商を求めることができる。

$$\begin{array}{r} x^6-x^5+x^3-x+1 \\ x^2+x+1 \overline{) x^8+x^4+1} \\ \underline{x^8+x^7+x^6} \\ -x^7-x^6 \\ \underline{-x^7-x^6-x^5} \\ x^5+x^4 \\ \underline{x^5+x^4+x^3} \\ -x^3 \\ \underline{-x^3-x^2-x} \\ x^2+x+1 \\ \underline{x^2+x+1} \\ 0 \end{array}$$

（答） $x^6-x^5+x^3-x+1$

別解 $x^8+x^4+1=(x^8+2x^4+1)-x^4=(x^4+1)^2-x^4=\{(x^4+1)+x^2\}\{(x^4+1)-x^2\}$
$=(x^4+x^2+1)(x^4-x^2+1)$

$x^4+x^2+1=(x^4+2x^2+1)-x^2=(x^2+1)^2-x^2=\{(x^2+1)+x\}\{(x^2+1)-x\}$
$=(x^2+x+1)(x^2-x+1)$

よって

$x^8+x^4+1=(x^4-x^2+1)(x^2-x+1)(x^2+x+1)$

と因数分解できるから，x^8+x^4+1 を x^2+x+1 で割ったときの商は

$(x^4-x^2+1)(x^2-x+1)$

と表すこともできる。

参考 $x^{4n}+x^{2n}+1$ の因数分解

複2次式 $x^{4n}+x^{2n}+1$ は，平方の差の形にして次のように因数分解できる。

$x^{4n}+x^{2n}+1=(x^{4n}+2x^{2n}+1)-x^{2n}=(x^{2n}+1)^2-(x^n)^2=(x^{2n}+x^n+1)(x^{2n}-x^n+1)$

第8回　1次：計算技能検定《解答・解説》

問題2.

$1, a, b, c, 9$ は初項が 1，第 2 項が a の等比数列であるから，その公比は $\frac{a}{1}=a$ であり，数列 $\{1, a, b, c, 9\}$ を a を用いて表すと，$\{1, a, a^2, a^3, a^4\}$ となる。

よって，$a^4=9$ であり，この方程式を解くと

$$a^4=9 \qquad a^4-9=0 \qquad (a^2+3)(a^2-3)=0$$

したがって，$a^2+3=0$ または $a^2-3=0$ である。

$a^2+3=0$ を満たす実数 a は存在しない。

$a^2-3=0$ を解くと，$a=\pm\sqrt{3}$ で，これらは実数である。

(答)　$a=\pm\sqrt{3}$

問題3.

$\vec{a}, \vec{b}, \vec{c}$ は単位ベクトルであるから，$|\vec{a}|=|\vec{b}|=|\vec{c}|=1$ である。

また，$\vec{a}\perp\vec{b}, \vec{b}\perp\vec{c}, \vec{c}\perp\vec{a}$ より，$\vec{a}\cdot\vec{b}=0, \vec{b}\cdot\vec{c}=0, \vec{c}\cdot\vec{a}=0$ である。

ここで，2つのベクトル $\vec{a}+2\vec{b}+3\vec{c}$ と $3\vec{a}+\vec{b}-2\vec{c}$ の内積を2通りの方法で表す。

$$\begin{aligned}
&(\vec{a}+2\vec{b}+3\vec{c})\cdot(3\vec{a}+\vec{b}-2\vec{c}) \\
&=3|\vec{a}|^2+\vec{a}\cdot\vec{b}-2\vec{c}\cdot\vec{a}+6\vec{a}\cdot\vec{b}+2|\vec{b}|^2-4\vec{b}\cdot\vec{c}+9\vec{c}\cdot\vec{a}+3\vec{b}\cdot\vec{c}-6|\vec{c}|^2 \\
&=3+0-0+0+2-0+0+0-6=-1 \quad \cdots ①
\end{aligned}$$

また

$$|\vec{a}+2\vec{b}+3\vec{c}|^2=|\vec{a}|^2+4|\vec{b}|^2+9|\vec{c}|^2+4\vec{a}\cdot\vec{b}+12\vec{b}\cdot\vec{c}+6\vec{c}\cdot\vec{a}=1+4+9=14$$

$$|3\vec{a}+\vec{b}-2\vec{c}|^2=9|\vec{a}|^2+|\vec{b}|^2+4|\vec{c}|^2+6\vec{a}\cdot\vec{b}-4\vec{b}\cdot\vec{c}-12\vec{c}\cdot\vec{a}=9+4+1=14$$

であり，$\cos\theta$ を用いた方法で内積を表すと

$$\begin{aligned}
(\vec{a}+2\vec{b}+3\vec{c})\cdot(3\vec{a}+\vec{b}-2\vec{c})&=|\vec{a}+2\vec{b}+3\vec{c}|\cdot|3\vec{a}+\vec{b}-2\vec{c}|\cdot\cos\theta \\
&=\sqrt{14}\cdot\sqrt{14}\cdot\cos\theta=14\cos\theta \quad \cdots ②
\end{aligned}$$

①，②より，$14\cos\theta=-1$，すなわち $\cos\theta=-\frac{1}{14}$ である。

(答)　$\cos\theta=-\frac{1}{14}$

第8回　1次：計算技能検定《解答・解説》

> **参考** ベクトルの内積
>
> 2つのベクトル $\vec{a}$ と $\vec{b}$ のなす角が θ のとき，その内積は $\vec{a}\cdot\vec{b}=|\vec{a}||\vec{b}|\cos\theta$ で表される。
>
> 成分表示された2つの平面ベクトル $\vec{x}=(x_1,\ x_2)$, $\vec{y}=(y_1,\ y_2)$ に対して，その内積は，$\vec{x}\cdot\vec{y}=x_1y_1+x_2y_2$ で表される。2つの空間ベクトル $\vec{x}=(x_1,\ x_2,\ x_3)$, $\vec{y}=(y_1,\ y_2,\ y_3)$ に対しても同様に，$\vec{x}\cdot\vec{y}=x_1y_1+x_2y_2+x_3y_3$ で表される。
>
> 本問では，$|\vec{x}|=\sqrt{x_1{}^2+x_2{}^2+x_3{}^2}$, $|\vec{y}|=\sqrt{y_1{}^2+y_2{}^2+y_3{}^2}$ を用いて，内積を2通りで表している。

問題4.

① $|z|=\sqrt{\left(\dfrac{\sqrt{3}}{2}\right)^2+\left(-\dfrac{1}{2}\right)^2}=1$

θ は $\cos\theta=\dfrac{\sqrt{3}}{2}$, $\sin\theta=-\dfrac{1}{2}$ をともに満たすから，$0\leq\theta<2\pi$ より，$\theta=\dfrac{11}{6}\pi$

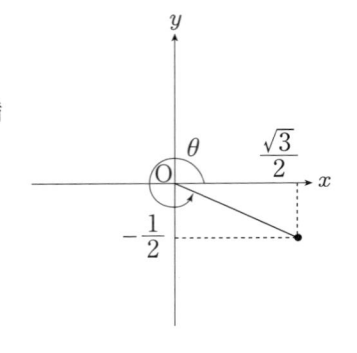

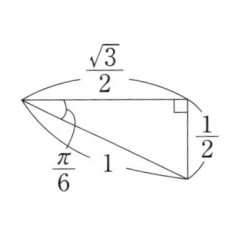

（答）　$\theta=\dfrac{11}{6}\pi$

② ①より

$$z=\cos\dfrac{11}{6}\pi+i\sin\dfrac{11}{6}\pi=\cos\left(-\dfrac{\pi}{6}\right)+i\sin\left(-\dfrac{\pi}{6}\right)$$

と表される。ド・モアブルの定理より

$$z^5=\cos\left(-\dfrac{5}{6}\pi\right)+i\sin\left(-\dfrac{5}{6}\pi\right) \qquad \dfrac{1}{z^5}=z^{-5}=\cos\dfrac{5}{6}\pi+i\sin\dfrac{5}{6}\pi$$

$\cos(-\theta)=\cos\theta$, $\sin(-\theta)=-\sin\theta$ より

$$z^5+\dfrac{1}{z^5}=2\cos\dfrac{5}{6}\pi=2\cdot\left(-\dfrac{\sqrt{3}}{2}\right)=-\sqrt{3}$$

したがって，$a+bi=-\sqrt{3}+0\cdot i$ より，$a=-\sqrt{3}$, $b=0$ である。

（答）　$a=-\sqrt{3}$, $b=0$

第8回　1次：計算技能検定《解答・解説》

参考①　複素数平面と極形式

$$z = a + bi = \sqrt{a^2+b^2}\left(\frac{a}{\sqrt{a^2+b^2}} + \frac{b}{\sqrt{a^2+b^2}}i\right) = r(\cos\theta + i\sin\theta)$$

$$\left(\text{ただし, } r = \sqrt{a^2+b^2},\ \cos\theta = \frac{a}{\sqrt{a^2+b^2}},\ \sin\theta = \frac{b}{\sqrt{a^2+b^2}}\right)$$

参考②　ド・モアブルの定理

$$(\cos\theta + i\sin\theta)^n = \cos n\theta + i\sin n\theta \quad (n\text{は整数})$$

複素数平面の公式をしっかりおさえておくこと。

問題5．

① $t = \dfrac{1}{x}$ とおくと，$\dfrac{dt}{dx} = -\dfrac{1}{x^2}$ より，$dt = -\dfrac{1}{x^2}dx$

$$\int \frac{1}{x^2 e^{\frac{1}{x}}}dx = -\int \frac{1}{e^{\frac{1}{x}}}\cdot\left(-\frac{1}{x^2}\right)dx = -\int \frac{1}{e^t}dt = e^{-t} + C = e^{-\frac{1}{x}} + C \quad (C\text{は積分定数})$$

（答）　$e^{-\frac{1}{x}} + C$（Cは積分定数）

② ①より

$$\int_{\frac{1}{2}}^{1} \frac{1}{x^2 e^{\frac{1}{x}}}dx = \left[e^{-\frac{1}{x}}\right]_{\frac{1}{2}}^{1} = e^{-1} - e^{-2} = \frac{1}{e} - \frac{1}{e^2} = \frac{e-1}{e^2}$$

（答）　$\dfrac{e-1}{e^2}$

問題6．

双曲線の方程式の両辺を2で割ると，$\dfrac{x^2}{2} - \dfrac{y^2}{2} = 1$ より，$\dfrac{x^2}{(\sqrt{2})^2} - \dfrac{y^2}{(\sqrt{2})^2} = 1$

$c > 0$ として，双曲線の焦点の座標を $(c, 0)$，$(-c, 0)$ とおくと

$$c = \sqrt{(\sqrt{2})^2 + (\sqrt{2})^2} = \sqrt{2+2} = 2$$

（答）　$(2, 0)$，$(-2, 0)$

第8回　1次：計算技能検定《解答・解説》

>|参考| **双曲線の焦点**
>
> ・双曲線 $\dfrac{x^2}{a^2}-\dfrac{y^2}{b^2}=1\ (a>0,\ b>0)$ の焦点は
>
> $\qquad F(\sqrt{a^2+b^2},\ 0),\quad F'(-\sqrt{a^2+b^2},\ 0)$
>
> ・双曲線 $\dfrac{x^2}{a^2}-\dfrac{y^2}{b^2}=-1\ (a>0,\ b>0)$ の焦点は
>
> $\qquad F(0,\ \sqrt{a^2+b^2}),\quad F'(0,\ -\sqrt{a^2+b^2})$

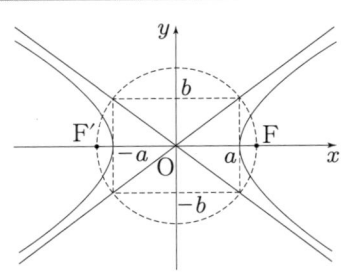

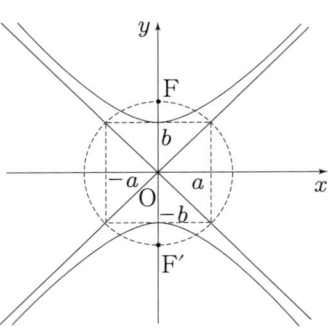

問題7．

$\tan x=\dfrac{\sin x}{\cos x}$ より，$\dfrac{1}{\tan x}=\dfrac{\cos x}{\sin x}$ であるから

$$\lim_{x\to 0}\dfrac{1}{x}\left(\dfrac{1}{\sin x}-\dfrac{1}{\tan x}\right)=\lim_{x\to 0}\dfrac{1}{x}\left(\dfrac{1-\cos x}{\sin x}\right)=\lim_{x\to 0}\dfrac{1}{x}\left(\dfrac{1-\cos x}{\sin x}\right)\cdot\dfrac{1+\cos x}{1+\cos x}$$

$$=\lim_{x\to 0}\dfrac{1}{x}\cdot\dfrac{1-\cos^2 x}{\sin x(1+\cos x)}=\lim_{x\to 0}\dfrac{1}{x}\cdot\dfrac{\sin^2 x}{\sin x(1+\cos x)}$$

$$=\lim_{x\to 0}\dfrac{1}{x}\cdot\dfrac{\sin x}{(1+\cos x)}=\lim_{x\to 0}\dfrac{\sin x}{x}\cdot\dfrac{1}{(1+\cos x)}=1\cdot\dfrac{1}{1+1}=\dfrac{1}{2}$$

（答）　$\dfrac{1}{2}$

>|参考| **三角関数の極限の公式**
>
> $\displaystyle\lim_{x\to 0}\dfrac{\sin x}{x}=1$

第8回 2次：数理技能検定
《問題》

問題1．（選択）

$0 < \alpha < \dfrac{\pi}{2}$, $0 < \beta < \dfrac{\pi}{2}$, $0 < \gamma < \dfrac{\pi}{2}$ で
$\tan\alpha = \dfrac{1}{2}$, $\tan\beta = \dfrac{1}{5}$, $\tan\gamma = \dfrac{1}{8}$

であるとき，2つの数 $\sin(\alpha+\beta+\gamma)$ と $\cos(\alpha+\beta+\gamma)$ の大小を比較しなさい。

問題2．（選択）

累乗の和について

$$\sum_{k=1}^{n} k = \frac{1}{2}n(n+1), \quad \sum_{k=1}^{n} k^2 = \frac{1}{6}n(n+1)(2n+1), \quad \sum_{k=1}^{n} k^3 = \left\{\frac{1}{2}n(n+1)\right\}^2$$

が成り立ちます(このことを証明する必要はありません)。

数列 $\{a_n\}$ の初項から第 n 項までの和 S_n が

$$S_n = \left\{\frac{1}{6}n(n+1)(2n+1)\right\}^2$$

で表されるとき，次の問いに答えなさい。　　　　　　　　　　　　　　　　（表現技能）

(1) 数列 $\{a_n\}$ の第 n 項 a_n は n の5次式で表されます。この5次式を求め，展開した形で答えなさい。

(2) $\sum_{k=1}^{n} k^5$ は n の6次式で表されます。(1)の結果を利用してこの6次式を求め，因数分解した形で答えなさい。

問題3．（選択）

以下この問題においては，$\overline{AB}$ は線分ABの長さを表すものとします。

Oを原点とする xy 平面上に，曲線 $y = 2\sqrt{x}$ $(x \geq 0)$ があります。

曲線上に点 $P(t, 2\sqrt{t})$（ただし，$t > 0$）をとり，y 軸上に $\overline{OP} = \overline{OQ}$ を満たすように点Qをとります。ただし，点Qの y 座標は正とします。

直線PQと x 軸との交点をRとするとき，次の極限を調べなさい。

$$\lim_{t \to +0} \overline{OR}$$

問題4．（選択）

実数を成分とする2次正方行列 $A = \begin{pmatrix} a & b \\ c & d \end{pmatrix}$ が $A^2 = O$ を満たすとします。k を実数とするとき，2次正方行列 $kE - A$ が逆行列をもつための，k に関する必要十分条件を求めなさい。ただし，O は零行列，E は単位行列を表します。

問題5．（選択）

3より大きい素数の2乗は，$5^2 = 25$，$7^2 = 49$，$11^2 = 121$，…のように，3で割ると1余る数になります。このことを特別な場合として含む，次の命題について考えます。

　　「3より大きい素数の2乗は，n で割ると1余る数である。」

上の命題が真となるような正の整数 n の最大値を，理由をつけて答えなさい。

問題6．（必須）

ある条件のもとでは，物体の冷却速度は周囲との温度差に比例することが知られています。80℃のお茶を室温20℃の部屋に置いて冷め方を調べたところ，t 分後のお茶の温度 T ℃について

$$T - 20 = C \cdot 10^{-kt} \quad (C, k \text{ は正の定数})$$

という関係式が成り立つことがわかりました。ただし，t は整数とは限りません。これについて，次の問いに答えなさい。

（1） 定数 C の値を求めなさい。

（2） 部屋に置いてから22分後に，このお茶の温度がちょうど50℃になりました。このお茶の温度がちょうど25℃になるのは，部屋に置いてから何分後ですか。答えは小数第1位を四捨五入して，整数で求めなさい。
ただし，$\log_{10} 2 = 0.3010$ および $\log_{10} 3 = 0.4771$ とします。

問題7．（必須）

xy 平面上の曲線 $y = \dfrac{x}{\sqrt{1+x^2}}$ $(0 \leqq x \leqq 1)$ について，次の問いに答えなさい。

（1） この曲線と x 軸，直線 $x = 1$ で囲まれた図形を，x 軸の周りに1回転させてできる立体の体積 V_1 を求めなさい。

（2） この曲線と y 軸，直線 $y = \dfrac{1}{\sqrt{2}}$ で囲まれた図形を，y 軸の周りに1回転させてできる立体の体積 V_2 を求めなさい。

第8回 2次：数理技能検定 《解答・解説》

問題1.

$0<\alpha<\dfrac{\pi}{2}$, $0<\tan\alpha=\dfrac{1}{2}<\dfrac{1}{\sqrt{3}}$ より, $0<\alpha<\dfrac{\pi}{6}$

β や γ についても同様に, $0<\beta<\dfrac{\pi}{6}$, $0<\gamma<\dfrac{\pi}{6}$ であるから, $0<\alpha+\beta+\gamma<\dfrac{\pi}{2}$

$\tan(\alpha+\beta+\gamma)=\dfrac{\sin(\alpha+\beta+\gamma)}{\cos(\alpha+\beta+\gamma)}$ より, 以下, $\tan(\alpha+\beta+\gamma)$ の値について考える。

tan の加法定理をくり返し用いると

$$\tan(\alpha+\beta+\gamma)=\dfrac{\tan(\alpha+\beta)+\tan\gamma}{1-\tan(\alpha+\beta)\tan\gamma}=\dfrac{\dfrac{\tan\alpha+\tan\beta}{1-\tan\alpha\tan\beta}+\tan\gamma}{1-\dfrac{\tan\alpha+\tan\beta}{1-\tan\alpha\tan\beta}\cdot\tan\gamma}$$

$$=\dfrac{\tan\alpha+\tan\beta+(1-\tan\alpha\tan\beta)\tan\gamma}{1-\tan\alpha\tan\beta-(\tan\alpha+\tan\beta)\tan\gamma}$$

$$=\dfrac{\tan\alpha+\tan\beta+\tan\gamma-\tan\alpha\tan\beta\tan\gamma}{1-\tan\alpha\tan\beta-\tan\beta\tan\gamma-\tan\gamma\tan\alpha}$$

となる。この式に, $\tan\alpha=\dfrac{1}{2}$, $\tan\beta=\dfrac{1}{5}$, $\tan\gamma=\dfrac{1}{8}$ を代入して

$$\tan(\alpha+\beta+\gamma)=\dfrac{\dfrac{1}{2}+\dfrac{1}{5}+\dfrac{1}{8}-\dfrac{1}{2}\cdot\dfrac{1}{5}\cdot\dfrac{1}{8}}{1-\dfrac{1}{2}\cdot\dfrac{1}{5}-\dfrac{1}{5}\cdot\dfrac{1}{8}-\dfrac{1}{8}\cdot\dfrac{1}{2}}=\dfrac{40+16+10-1}{80-8-2-5}=\dfrac{65}{65}=1$$

$\tan(\alpha+\beta+\gamma)=\dfrac{\sin(\alpha+\beta+\gamma)}{\cos(\alpha+\beta+\gamma)}=1$ より, $\sin(\alpha+\beta+\gamma)=\cos(\alpha+\beta+\gamma)$ である。

（答）　$\sin(\alpha+\beta+\gamma)=\cos(\alpha+\beta+\gamma)$

参考① $\sin\theta$ と $\cos\theta$ の大小比較

θ が鋭角（第1象限の角）のとき, $\tan\theta=\dfrac{\sin\theta}{\cos\theta}$ より, $\sin\theta$ と $\cos\theta$ の大小関係は, $\tan\theta$ の値で決まる。

・$0<\tan\theta<1$ ならば, $\sin\theta<\cos\theta$
・$\tan\theta=1$ ならば, $\sin\theta=\cos\theta$
・$\tan\theta>1$ ならば, $\sin\theta>\cos\theta$

> **参考②** tanの加法定理
> $$\tan(\alpha+\beta) = \frac{\tan\alpha + \tan\beta}{1-\tan\alpha\tan\beta}$$

問題２．

（１） $a_1 = S_1 = \dfrac{1}{6} \cdot 1 \cdot 2 \cdot 3 = 1$ …①

$n \geqq 2$ のとき，S_{n-1} は S_n の n を $n-1$ に置き換えた式であるから

$$S_{n-1} = \left[\frac{1}{6}(n-1)\{(n-1)+1\}\{2(n-1)+1\}\right]^2 = \left\{\frac{1}{6}n(n-1)(2n-1)\right\}^2$$

である。よって，このとき

$$a_n = S_n - S_{n-1} = \left\{\frac{1}{6}n(n+1)(2n+1)\right\}^2 - \left\{\frac{1}{6}n(n-1)(2n-1)\right\}^2$$

$$= \frac{n^2}{36}\{(2n^2+3n+1)^2 - (2n^2-3n+1)^2\} = \frac{n^2}{36}\{(4n^2+2)\cdot 6n\} = \frac{2}{3}n^5 + \frac{1}{3}n^3$$

これに $n=1$ を代入すると，$a_1 = \dfrac{2}{3} + \dfrac{1}{3} = 1$ となり，①と一致するから，これは $n=1$ のときも成り立つ。

（答） $a_n = \dfrac{2}{3}n^5 + \dfrac{1}{3}n^3$

（２）（１）より，$\displaystyle\sum_{k=1}^{n}\left(\frac{2}{3}k^5 + \frac{1}{3}k^3\right) = S_n$

これを変形して，$\displaystyle\sum_{k=1}^{n}\frac{2}{3}k^5 = S_n - \sum_{k=1}^{n}\frac{k^3}{3}$ より

$$\sum_{k=1}^{n}k^5 = \frac{3}{2}S_n - \frac{1}{2}\sum_{k=1}^{n}k^3 = \frac{3}{2}\left\{\frac{1}{6}n(n+1)(2n+1)\right\}^2 - \frac{1}{2}\left\{\frac{1}{2}n(n+1)\right\}^2$$

$$= \frac{1}{24}n^2(n+1)^2(2n+1)^2 - \frac{1}{8}n^2(n+1)^2 = \frac{1}{24}n^2(n+1)^2\{(2n+1)^2 - 3\}$$

$$= \frac{1}{12}n^2(n+1)^2(2n^2+2n-1)$$

（答） $\displaystyle\sum_{k=1}^{n}k^5 = \frac{1}{12}n^2(n+1)^2(2n^2+2n-1)$

第8回　2次：数理技能検定《解答・解説》

> **参考** 数列の和と一般項
>
> 数列 $\{a_n\}$ について，初項 a_1 から第 n 項 a_n までの和を S_n とすると
> 　　$a_1 = S_1$, 　　$a_n = S_n - S_{n-1}$ $(n \geq 2)$
> が成り立つ（詳しくは p.19 の **参考①** を参照）。

問題3.

点 P の座標は $(t, 2\sqrt{t})$ $(t > 0)$ であるから
$$\overline{\text{OP}} = \sqrt{t^2 + (2\sqrt{t})^2} = \sqrt{t^2 + 4t}$$
よって，点 Q の座標は $(0, \sqrt{t^2 + 4t})$ である。

直線 PQ の方程式は，傾きが $\dfrac{2\sqrt{t} - \sqrt{t^2 + 4t}}{t}$ で，切片が $\sqrt{t^2 + 4t}$ であるから
$$y = \frac{2\sqrt{t} - \sqrt{t^2 + 4t}}{t} x + \sqrt{t^2 + 4t}$$

点 R の x 座標は
$$0 = \frac{2\sqrt{t} - \sqrt{t^2 + 4t}}{t} x + \sqrt{t^2 + 4t}$$

を解いて

$$(2\sqrt{t} - \sqrt{t^2 + 4t})x = -t\sqrt{t^2 + 4t} \qquad x = \frac{t\sqrt{t^2 + 4t}}{\sqrt{t^2 + 4t} - 2\sqrt{t}}$$

よって

$$\lim_{t \to +0} \overline{\text{OR}} = \lim_{t \to +0} \frac{t\sqrt{t^2 + 4t}}{\sqrt{t^2 + 4t} - 2\sqrt{t}} = \lim_{t \to +0} \frac{t\sqrt{t^2 + 4t}(\sqrt{t^2 + 4t} + 2\sqrt{t})}{t^2 + 4t - 4t}$$

$$= \lim_{t \to +0} \frac{t(t^2 + 4t + 2t\sqrt{t + 4})}{t^2}$$

$$= \lim_{t \to +0} (t + 4 + 2\sqrt{t + 4}) = 4 + 2\sqrt{4} = 8$$

（答）　$\displaystyle\lim_{t \to +0} \overline{\text{OR}} = 8$

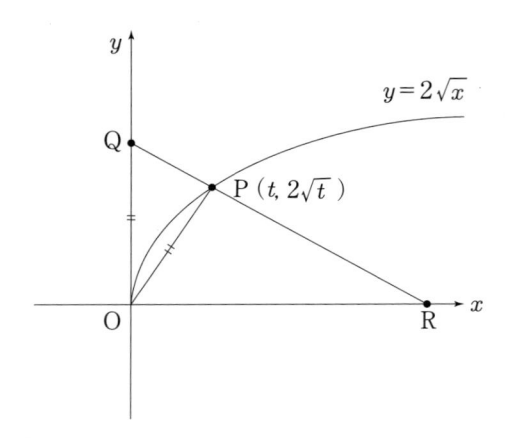

問題4.

$A = \begin{pmatrix} a & b \\ c & d \end{pmatrix}$ について，ケーリー・ハミルトンの定理より

$$A^2 - (a+d)A + (ad-bc)E = O$$

が成り立つ。これに $A^2 = O$ を代入すると

$$(a+d)A = (ad-bc)E \quad \cdots ①$$

ここで，$a+d \neq 0$ とすると，$A = tE$（t は実数）と表される。

これを $A^2 = O$ に代入すると，$t^2 = 0$ より $t = 0$，すなわち $A = O$ となり，$a+d \neq 0$ に矛盾する。よって

$$a + d = 0 \quad \cdots ②$$

これと①より

$$ad - bc = 0 \quad \cdots ③$$

$kE - A = \begin{pmatrix} k-a & -b \\ -c & k-d \end{pmatrix}$ が逆行列をもつための必要十分条件は

$$(k-a)(k-d) - (-b)(-c) \neq 0$$

すなわち

$$k^2 - (a+d)k + ad - bc \neq 0 \quad \cdots ④$$

が成り立つことである。

②，③，④より，求める必要十分条件は，$k^2 \neq 0$，すなわち

$$k \neq 0$$

である。

（答）　$k \neq 0$

参考 **逆行列**

行列 $A = \begin{pmatrix} a & b \\ c & d \end{pmatrix}$ に対して，逆行列を A^{-1} とすると

・$ad - bc \neq 0$ のとき，$A^{-1} = \dfrac{1}{ad-bc} \begin{pmatrix} d & -b \\ -c & a \end{pmatrix}$

・$ad - bc = 0$ のとき，A^{-1} は存在しない。

第8回　2次：数理技能検定《解答・解説》

問題5.

$5^2=25$ を割って1余るような n の最大値は24であるから，$n=24$ について命題が成立することを示せば，これが求める最大値となる。

3より大きい素数を12で割った余りは，1，5，7，11のいずれかである。

よって，3より大きい素数は，$12k\pm1$，$12k\pm5$（k は整数）のいずれかの形に表される。

ここで，それぞれを2乗すると

$$(12k\pm1)^2=144k^2\pm24k+1=24(6k^2\pm k)+1 \text{（複号同順）}$$

$$(12k\pm5)^2=144k^2\pm120k+25=24(6k^2\pm5k+1)+1 \text{（複号同順）}$$

$6k^2\pm k$，$6k^2\pm5k+1$ はいずれも整数であるから，$(12k\pm1)^2$，$(12k\pm5)^2$ を24で割った余りはすべて1である。

よって，3より大きい素数の2乗を24で割った余りは1であることが示された。

以上から，求める最大値は24である。

（答）　24

参考　整数の性質（素数）

素数には規則性がなく，すべての素数を文字を使って一般的に表すことはできない。たとえば，奇数であればある整数 n を使って $2n+1$ などと表されるが，素数は整数 n を使って一般的に表すことができない。したがって，素数をある数で割ったときの余りなどで分類して考える方法がある。

本問では素数を12で割った余りで分類している。

問題6.

（1）　$T-20=C\cdot10^{-kt}$　…①

において，$t=0$ のとき $T=80$ であるから

$$80-20=C$$

よって，$C=60$ であり，①は

$$T-20=60\cdot10^{-kt} \quad \cdots ②$$

となる。

（答）　$C=60$

第8回　2次：数理技能検定《解答・解説》

（2）　部屋に置いてから t_0 分後にお茶の温度がちょうど25℃になるとすると，②より

$$25-20=60 \cdot 10^{-kt_0}$$

これを変形して，$10^{kt_0}=\dfrac{60}{5}=12$ より，$kt_0=\log_{10}12$

$$t_0=\dfrac{\log_{10}12}{k} \quad \cdots ③$$

$t=22$ のとき $T=50$ であるから，②より

$$50-20=60 \cdot 10^{-22k}$$

これを k について解くと

$$10^{22k}=\dfrac{60}{30}=2 \qquad 22k=\log_{10}2 \qquad k=\dfrac{\log_{10}2}{22}$$

これを③に代入して

$$t_0=22 \cdot \dfrac{\log_{10}12}{\log_{10}2}=22 \cdot \dfrac{2\log_{10}2+\log_{10}3}{\log_{10}2}=22 \cdot \dfrac{2\cdot 0.3010+0.4771}{0.3010}$$

$$=78.8\cdots$$

よって，79分後である。

（答）　79分後

参考　対数の性質

$a>0$，$a\neq 1$，$M>0$，$N>0$ のとき

$\log_a MN = \log_a M + \log_a N$

$\log_a \dfrac{M}{N} = \log_a M - \log_a N$

$\log_a M^p = p\log_a M$（p は実数）

問題7.

（1）　$y=\dfrac{x}{\sqrt{1+x^2}}$　$(0\leqq x \leqq 1)$　…①

において，$y=0$ となるのは $x=0$ のときのみである。

よって，求める回転体の体積は

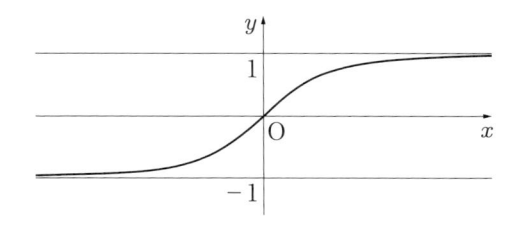

$$V_1 = \pi \int_0^1 y^2 dx = \pi \int_0^1 \frac{x^2}{1+x^2} dx = \pi \int_0^1 \left(1 - \frac{1}{1+x^2}\right) dx$$

$$= \pi - \pi \int_0^1 \frac{1}{1+x^2} dx \quad \cdots ②$$

ここで，$x = \tan\theta$ とおくと，$\dfrac{dx}{d\theta} = \dfrac{1}{\cos^2\theta}$，すなわち $dx = \dfrac{1}{\cos^2\theta} d\theta$ であるから

$$\int_0^1 \frac{1}{1+x^2} dx = \int_0^{\frac{\pi}{4}} \frac{1}{1+\tan^2\theta} \cdot \frac{1}{\cos^2\theta} d\theta$$

$$= \int_0^{\frac{\pi}{4}} \cos^2\theta \cdot \frac{1}{\cos^2\theta} d\theta = \int_0^{\frac{\pi}{4}} 1\, d\theta = \frac{\pi}{4}$$

x	$0 \to 1$
θ	$0 \to \dfrac{\pi}{4}$

よって②より，$V_1 = \pi - \dfrac{\pi^2}{4}$ である。

(答)　$V_1 = \pi - \dfrac{\pi^2}{4}$

(2)　①において，$x = 0$ のとき $y = 0$ である。

$y^2 = \dfrac{x^2}{1+x^2}$ より，$x^2 = \dfrac{y^2}{1-y^2}$ であるから，求める回転体の体積は

$$V_2 = \pi \int_0^{\frac{1}{\sqrt{2}}} x^2 dy = \pi \int_0^{\frac{1}{\sqrt{2}}} \frac{y^2}{1-y^2} dy = \pi \int_0^{\frac{1}{\sqrt{2}}} \left(\frac{1}{1-y^2} - 1\right) dy$$

$$= -\pi \int_0^{\frac{1}{\sqrt{2}}} \left(1 + \frac{1}{y^2-1}\right) dy = -\pi \Big[y\Big]_0^{\frac{1}{\sqrt{2}}} - \pi \int_0^{\frac{1}{\sqrt{2}}} \frac{1}{y^2-1} dy$$

$$= -\frac{\pi}{\sqrt{2}} - \pi \int_0^{\frac{1}{\sqrt{2}}} \frac{1}{y^2-1} dy \quad \cdots ③$$

ここで

$$\frac{1}{y^2-1} = \frac{1}{(y-1)(y+1)} = \frac{1}{2}\left(\frac{1}{y-1} - \frac{1}{y+1}\right)$$

より，e を自然対数の底として

$$\int_0^{\frac{1}{\sqrt{2}}} \frac{1}{y^2-1} dy = \frac{1}{2}\int_0^{\frac{1}{\sqrt{2}}} \left(\frac{1}{y-1} - \frac{1}{y+1}\right) dy = \frac{1}{2}\Big[\log_e|y-1| - \log_e|y+1|\Big]_0^{\frac{1}{\sqrt{2}}}$$

$$= \frac{1}{2}\left(\log_e\left|\frac{1-\sqrt{2}}{\sqrt{2}}\right| - \log_e\left|\frac{1+\sqrt{2}}{\sqrt{2}}\right|\right) = \frac{1}{2}\log_e\left|\frac{1-\sqrt{2}}{1+\sqrt{2}}\right| = \frac{1}{2}\log_e\frac{\sqrt{2}-1}{\sqrt{2}+1}$$

$$= \frac{1}{2}\log_e\frac{(\sqrt{2}-1)^2}{(\sqrt{2}+1)(\sqrt{2}-1)} = \frac{1}{2}\log_e(\sqrt{2}-1)^2 = \log_e(\sqrt{2}-1)$$

よって，③より，$V_2 = -\dfrac{\pi}{\sqrt{2}} - \pi \log_e(\sqrt{2}-1)$

（答）　$V_2 = -\pi \log_e(\sqrt{2}-1) - \dfrac{\pi}{\sqrt{2}}$

参考 回転体の体積

右の図のような，$y=f(x)$ と x 軸，および2直線 $x=a$，$x=b$ で囲まれた図形を，x 軸の周りに1回転してできる回転体の体積は，次のような考え方によって求めることができる。

x 軸上の点 $(x, 0)$ を通り，x 軸に垂直な平面による回転体の切り口は円であり，その面積 $S(x)$ は

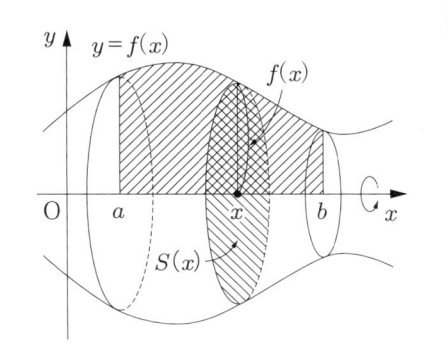

$$S(x) = \pi y^2 = \pi \{f(x)\}^2$$

であるから，回転体の体積 V_1 は

$$V_1 = \int_a^b \pi y^2 dx = \pi \int_a^b \{f(x)\}^2 dx$$

で表される。

同様にして，$x=f(y)$ と表される曲線に対して，この曲線と y 軸，および2直線 $y=a$，$y=b$ で囲まれた図形を，y 軸の周りに1回転してできる回転体の体積 V_2 は，次の式で求めることができる。

$$V_2 = \int_a^b \pi x^2 dy = \pi \int_a^b \{f(y)\}^2 dy$$

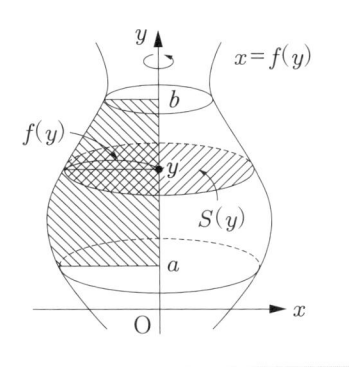

$\log_e(\sqrt{2}-1) = -\log_e(\sqrt{2}+1)$ であることから，本解答を $V_2 = \pi \log_e(\sqrt{2}+1) - \dfrac{\pi}{\sqrt{2}}$ としてもよい。このことは，次の計算で確かめられる。

$$\log_e(\sqrt{2}-1) = \log_e \dfrac{(\sqrt{2}-1)(\sqrt{2}+1)}{\sqrt{2}+1} = \log_e \dfrac{1}{\sqrt{2}+1} = -\log_e(\sqrt{2}+1)$$

付　　録

常用対数表（１）

数	0	1	2	3	4	5	6	7	8	9
1.0	.0000	.0043	.0086	.0128	.0170	.0212	.0253	.0294	.0334	.0374
1.1	.0414	.0453	.0492	.0531	.0569	.0607	.0645	.0682	.0719	.0755
1.2	.0792	.0828	.0864	.0899	.0934	.0969	.1004	.1038	.1072	.1106
1.3	.1139	.1173	.1206	.1239	.1271	.1303	.1335	.1367	.1399	.1430
1.4	.1461	.1492	.1523	.1553	.1584	.1614	.1644	.1673	.1703	.1732
1.5	.1761	.1790	.1818	.1847	.1875	.1903	.1931	.1959	.1987	.2014
1.6	.2041	.2068	.2095	.2122	.2148	.2175	.2201	.2227	.2253	.2279
1.7	.2304	.2330	.2355	.2380	.2405	.2430	.2455	.2480	.2504	.2529
1.8	.2553	.2577	.2601	.2625	.2648	.2672	.2695	.2718	.2742	.2765
1.9	.2788	.2810	.2833	.2856	.2878	.2900	.2923	.2945	.2967	.2989
2.0	.3010	.3032	.3054	.3075	.3096	.3118	.3139	.3160	.3181	.3201
2.1	.3222	.3243	.3263	.3284	.3304	.3324	.3345	.3365	.3385	.3404
2.2	.3424	.3444	.3464	.3483	.3502	.3522	.3541	.3560	.3579	.3598
2.3	.3617	.3636	.3655	.3674	.3692	.3711	.3729	.3747	.3766	.3784
2.4	.3802	.3820	.3838	.3856	.3874	.3892	.3909	.3927	.3945	.3962
2.5	.3979	.3997	.4014	.4031	.4048	.4065	.4082	.4099	.4116	.4133
2.6	.4150	.4166	.4183	.4200	.4216	.4232	.4249	.4265	.4281	.4298
2.7	.4314	.4330	.4346	.4362	.4378	.4393	.4409	.4425	.4440	.4456
2.8	.4472	.4487	.4502	.4518	.4533	.4548	.4564	.4579	.4594	.4609
2.9	.4624	.4639	.4654	.4669	.4683	.4698	.4713	.4728	.4742	.4757
3.0	.4771	.4786	.4800	.4814	.4829	.4843	.4857	.4871	.4886	.4900
3.1	.4914	.4928	.4942	.4955	.4969	.4983	.4997	.5011	.5024	.5038
3.2	.5051	.5065	.5079	.5092	.5105	.5119	.5132	.5145	.5159	.5172
3.3	.5185	.5198	.5211	.5224	.5237	.5250	.5263	.5276	.5289	.5302
3.4	.5315	.5328	.5340	.5353	.5366	.5378	.5391	.5403	.5416	.5428
3.5	.5441	.5453	.5465	.5478	.5490	.5502	.5514	.5527	.5539	.5551
3.6	.5563	.5575	.5587	.5599	.5611	.5623	.5635	.5647	.5658	.5670
3.7	.5682	.5694	.5705	.5717	.5729	.5740	.5752	.5763	.5775	.5786
3.8	.5798	.5809	.5821	.5832	.5843	.5855	.5866	.5877	.5888	.5899
3.9	.5911	.5922	.5933	.5944	.5955	.5966	.5977	.5988	.5999	.6010
4.0	.6021	.6031	.6042	.6053	.6064	.6075	.6085	.6096	.6107	.6117
4.1	.6128	.6138	.6149	.6160	.6170	.6180	.6191	.6201	.6212	.6222
4.2	.6232	.6243	.6253	.6263	.6274	.6284	.6294	.6304	.6314	.6325
4.3	.6335	.6345	.6355	.6365	.6375	.6385	.6395	.6405	.6415	.6425
4.4	.6435	.6444	.6454	.6464	.6474	.6484	.6493	.6503	.6513	.6522
4.5	.6532	.6542	.6551	.6561	.6571	.6580	.6590	.6599	.6609	.6618
4.6	.6628	.6637	.6646	.6656	.6665	.6675	.6684	.6693	.6702	.6712
4.7	.6721	.6730	.6739	.6749	.6758	.6767	.6776	.6785	.6794	.6803
4.8	.6812	.6821	.6830	.6839	.6848	.6857	.6866	.6875	.6884	.6893
4.9	.6902	.6911	.6920	.6928	.6937	.6946	.6955	.6964	.6972	.6981
5.0	.6990	.6998	.7007	.7016	.7024	.7033	.7042	.7050	.7059	.7067
5.1	.7076	.7084	.7093	.7101	.7110	.7118	.7126	.7135	.7143	.7152
5.2	.7160	.7168	.7177	.7185	.7193	.7202	.7210	.7218	.7226	.7235
5.3	.7243	.7251	.7259	.7267	.7275	.7284	.7292	.7300	.7308	.7316
5.4	.7324	.7332	.7340	.7348	.7356	.7364	.7372	.7380	.7388	.7396

常用対数表（2）

数	0	1	2	3	4	5	6	7	8	9
5.5	.7404	.7412	.7419	.7427	.7435	.7443	.7451	.7459	.7466	.7474
5.6	.7482	.7490	.7497	.7505	.7513	.7520	.7528	.7536	.7543	.7551
5.7	.7559	.7566	.7574	.7582	.7589	.7597	.7604	.7612	.7619	.7627
5.8	.7634	.7642	.7649	.7657	.7664	.7672	.7679	.7686	.7694	.7701
5.9	.7709	.7716	.7723	.7731	.7738	.7745	.7752	.7760	.7767	.7774
6.0	.7782	.7789	.7796	.7803	.7810	.7818	.7825	.7832	.7839	.7846
6.1	.7853	.7860	.7868	.7875	.7882	.7889	.7896	.7903	.7910	.7917
6.2	.7924	.7931	.7938	.7945	.7952	.7959	.7966	.7973	.7980	.7987
6.3	.7993	.8000	.8007	.8014	.8021	.8028	.8035	.8041	.8048	.8055
6.4	.8062	.8069	.8075	.8082	.8089	.8096	.8102	.8109	.8116	.8122
6.5	.8129	.8136	.8142	.8149	.8156	.8162	.8169	.8176	.8182	.8189
6.6	.8195	.8202	.8209	.8215	.8222	.8228	.8235	.8241	.8248	.8254
6.7	.8261	.8267	.8274	.8280	.8287	.8293	.8299	.8306	.8312	.8319
6.8	.8325	.8331	.8338	.8344	.8351	.8357	.8363	.8370	.8376	.8382
6.9	.8388	.8395	.8401	.8407	.8414	.8420	.8426	.8432	.8439	.8445
7.0	.8451	.8457	.8463	.8470	.8476	.8482	.8488	.8494	.8500	.8506
7.1	.8513	.8519	.8525	.8531	.8537	.8543	.8549	.8555	.8561	.8567
7.2	.8573	.8579	.8585	.8591	.8597	.8603	.8609	.8615	.8621	.8627
7.3	.8633	.8639	.8645	.8651	.8657	.8663	.8669	.8675	.8681	.8686
7.4	.8692	.8698	.8704	.8710	.8716	.8722	.8727	.8733	.8739	.8745
7.5	.8751	.8756	.8762	.8768	.8774	.8779	.8785	.8791	.8797	.8802
7.6	.8808	.8814	.8820	.8825	.8831	.8837	.8842	.8848	.8854	.8859
7.7	.8865	.8871	.8876	.8882	.8887	.8893	.8899	.8904	.8910	.8915
7.8	.8921	.8927	.8932	.8938	.8943	.8949	.8954	.8960	.8965	.8971
7.9	.8976	.8982	.8987	.8993	.8998	.9004	.9009	.9015	.9020	.9025
8.0	.9031	.9036	.9042	.9047	.9053	.9058	.9063	.9069	.9074	.9079
8.1	.9085	.9090	.9096	.9101	.9106	.9112	.9117	.9122	.9128	.9133
8.2	.9138	.9143	.9149	.9154	.9159	.9165	.9170	.9175	.9180	.9186
8.3	.9191	.9196	.9201	.9206	.9212	.9217	.9222	.9227	.9232	.9238
8.4	.9243	.9248	.9253	.9258	.9263	.9269	.9274	.9279	.9284	.9289
8.5	.9294	.9299	.9304	.9309	.9315	.9320	.9325	.9330	.9335	.9340
8.6	.9345	.9350	.9355	.9360	.9365	.9370	.9375	.9380	.9385	.9390
8.7	.9395	.9400	.9405	.9410	.9415	.9420	.9425	.9430	.9435	.9440
8.8	.9445	.9450	.9455	.9460	.9465	.9469	.9474	.9479	.9484	.9489
8.9	.9494	.9499	.9504	.9509	.9513	.9518	.9523	.9528	.9533	.9538
9.0	.9542	.9547	.9552	.9557	.9562	.9566	.9571	.9576	.9581	.9586
9.1	.9590	.9595	.9600	.9605	.9609	.9614	.9619	.9624	.9628	.9633
9.2	.9638	.9643	.9647	.9652	.9657	.9661	.9666	.9671	.9675	.9680
9.3	.9685	.9689	.9694	.9699	.9703	.9708	.9713	.9717	.9722	.9727
9.4	.9731	.9736	.9741	.9745	.9750	.9754	.9759	.9763	.9768	.9773
9.5	.9777	.9782	.9786	.9791	.9795	.9800	.9805	.9809	.9814	.9818
9.6	.9823	.9827	.9832	.9836	.9841	.9845	.9850	.9854	.9859	.9863
9.7	.9868	.9872	.9877	.9881	.9886	.9890	.9894	.9899	.9903	.9908
9.8	.9912	.9917	.9921	.9926	.9930	.9934	.9939	.9943	.9948	.9952
9.9	.9956	.9961	.9965	.9969	.9974	.9978	.9983	.9987	.9991	.9996

<筆者紹介>

公益財団法人日本数学検定協会が認定した数学コーチャーの7名
中島　隆夫
古山　竜司
宮崎　興治
林　和彦
山内　克朗
田中　雄一朗
村田　敏紀

<編集担当>
穂積　悠樹

<カバーデザイン>
星　光信（Xing Design）

実用数学技能検定　準1級［完全解説問題集］発見【第2版】

2015年7月21日　初　版発行
2025年6月4日　第10刷発行

著　者　公益財団法人 日本数学検定協会
発行者　髙田 忍
発行所　公益財団法人 日本数学検定協会
　　　　〒110-0005 東京都台東区上野五丁目1番1号
　　　　https://www.su-gaku.net/
発売所　丸善出版株式会社
　　　　〒101-0051 東京都千代田区神田神保町二丁目17番
　　　　TEL 03-3512-3256　FAX 03-3512-3270
　　　　https://www.maruzen-publishing.co.jp/
印刷・製本　藤原印刷株式会社

ISBN978-4-901647-52-6　C0041

©The Mathematics Certification Institute of Japan 2015 Printed in Japan
落丁・乱丁本はお取り替えいたします。
本書の全部または一部を無断で複写複製（コピー）することは、著作権法上の例外を除き、禁じられています。

※本の内容についてお気づきの点は、書名を明記の上、公益財団法人日本数学検定協会宛に郵送・FAX（03-5812-8346）いただくか、当協会ホームページの「お問合せ」をご利用ください。電話での質問はお受けできません。また、正誤以外の詳細な解説指導や質問対応は行っておりません。